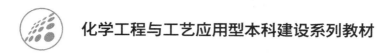

化学工程与工艺应用型本科建设系列教材

普通高等教育"十三五"规划教材

现代化工仿真实习指导

XIANDAI HUAGONG FANGZHEN SHIXI ZHIDAO

高峰　顾静芳　主编

陈桂娥　主审

化学工业出版社

·北京·

《现代化工仿真实习指导》内容包括化工实验室安全虚拟现实 3D 仿真、化工原理 CEST 虚拟现实 3D 仿真、化工单元 CSTS 虚拟现实 3D 仿真和典型化工产品生产工艺 3D 虚拟现实仿真四部分。各部分包括：工作原理、工艺流程、主要设备、调节器、显示仪表及现场阀说明、操作规程、事故处理和思考题。虚拟现实 3D 仿真技术将化学工程与工艺专业必须掌握的化工实验室安全技术、典型化工原理实验、化工操作及产品生产开发成一系列具有更强环境真实感、操作灵活性和独立自主性的软件，为专业技能训练提供了一个既相对真实又可自主发挥的安全便捷的实习平台。

《现代化工仿真实习指导》可作为应用型本科院校化工、医药、轻工等专业学生的化工仿真指导教材，也可以作为企业人员技能培训、岗位培训的教材。

图书在版编目（CIP）数据

现代化工仿真实习指导/高峰，顾静芳主编 . —北京：化学工业出版社，2019.5
化学工程与工艺应用型本科建设系列教材　普通高等教育"十三五"规划教材
ISBN 978-7-122-33954-6

Ⅰ.①现…　Ⅱ.①高…②顾…　Ⅲ.①化学工业-计算机仿真-高等学校-教学参考资料　Ⅳ.①TQ015.9

中国版本图书馆 CIP 数据核字（2019）第 033220 号

责任编辑：刘俊之　　　　　　　　　　　文字编辑：向　东
责任校对：宋　玮　　　　　　　　　　　装帧设计：韩　飞

出版发行：化学工业出版社（北京市东城区青年湖南街 13 号　邮政编码 100011）
印　　装：三河市双峰印刷装订有限公司
787mm×1092mm　1/16　印张 10¼　字数 236 千字　　2019 年 9 月北京第 1 版第 1 次印刷

购书咨询：010-64518888　　　　　　　售后服务：010-64518899
网　　址：http://www.cip.com.cn
凡购买本书，如有缺损质量问题，本社销售中心负责调换。

定　　价：29.80 元　　　　　　　　　　　　　　　　版权所有　违者必究

前　言

根据应用型本科生的工程能力培养要求，我们在上海市 2016 年应用型本科试点——化学工程与工艺专业建设项目的资助下，从现代化工仿真实习的教学要求出发，结合我校几十年来在仿真教学中的经验和体会，特别是虚拟现实技术目前在仿真领域中广泛应用后，我们在仿真教学中引进了化工虚拟现实技术，使仿真操作画面具有更强环境真实感、操作灵活性和独立自主性，为学生的实习提供了一个自主发挥的实践平台。

虚拟现实技术是近年来出现的高新技术，也称灵境技术或人工环境。虚拟现实是利用电脑模拟产生一个三维空间的虚拟世界，提供使用者关于视觉、听觉等感官的模拟，让使用者如同身临其境，可以及时、没有限制地观察三维空间内的事物。

虚拟现实技术的应用正对学生的实践教学活动进行着一场前所未有的革命。虚拟现实技术的引入，将使学校的实训手段发生质的飞跃，更加符合"能实不虚，虚实结合"的实习指导思想。虚拟现实技术应用于实训领域是教育技术发展的一个飞跃。它营造了"自主学习"的环境，由传统的"以教促学"的学习方式转变为学习者通过自身与信息环境的相互作用来获取知识、技能的新型学习方式。

化工虚拟现实技术已经被世界上越来越多的大学广泛地应用到实训当中，对学校提高教学效率和为学生解决复杂工程问题起到了重要作用。利用化工虚拟现实技术建立起来的虚拟实训基地，其"设备"与"部件"都是虚拟的，可以根据教学需要随时生成新的设备和更新培训内容，使实训及时跟上化工生产技术的发展。

现代化工仿真教学利用虚拟现实的交互性，使学生能够在虚拟的学习环境中扮演一个角色，全身心地投入学习环境中去，为学生的技能训练提供了一个相对真实的实习环境。虚拟的训练系统无任何危险，具有极低的运行成本，学生可以反复安全地在"虚拟装置"上开展各种探索性练习，直至达到整个实训目的为止。虚拟的训练系统也为培养学生的创新能力提供了一个安全便捷的实践验证平台。

《现代化工仿真实习指导》按化工实践教学的顺序分化工实验室安全虚拟现实 3D 仿真、化工原理 CEST 虚拟现实 3D 仿真、化工单元 CSTS 虚拟现实 3D 仿真和典型化工产品生产工艺 3D 虚拟现实仿真四部分内容对化工虚拟现实技术进行介绍。

本书由高峰和顾静芳担任主编，由陈桂娥担任主审。此外，本书在编写过程中得到了有关老师、北京东方仿真软件技术有限公司和北京欧倍尔软件技术开发有限公司的大力支持和热情帮助，在此一并表示衷心感谢。

本书的出版得到了上海市 2016 年应用型本科试点——化学工程与工艺专业建设项

目的资助，在此表示感谢。

由于编者自身的知识水平和认识水平有限，书中不妥之处在所难免，恳请读者批评指正。

编者
2018 年 9 月
于上海应用技术大学

目　录

第3章　化工单元CSTS虚拟现实3D仿真　　69

第4章　典型化工产品生产工艺3D虚拟现实仿真　　118

参考文献　　155

第1章　化工实验室安全虚拟现实3D仿真

1.1　概述

根据教育部印发的《教育部办公厅关于加强高校教学实验室安全工作的通知》（教高厅〔2017〕2号）文件要求，在教学实验室和科研实验室工作的师生员工，都应该接受实验室安全培训，提高安全意识，确保教学和科研工作的安全性。

本章介绍的3D仿真软件以标准的安全设计规范为准则，建立了一个三维的、高仿真度的、高交互操作的、全程参与式的、可提供实时信息反馈与操作指导的、虚拟的安全培训模拟操作平台，使学员通过在本平台上的操作学习，进一步熟悉安全基础知识，了解实验室实际实验环境，增强安全防范意识，提高异常事故处理水平。

本平台采用虚拟现实技术，依据实验室实际布局搭建模型，按实际实验过程完成交互，完整再现了实验室安全注意事项以及突发事故的应急处理办法。每个实验操作配有实验简介、操作手册等。3D操作画面具有很强的环境真实感、操作灵活性和独立自主性，为学生提供了一个自主发挥的学习平台，特别是在调动学生动脑思考、培养学生的动手能力和增强学习的趣味性方面具有鲜明的特色。

本3D仿真软件具有以下几个方面的特色。

（1）虚拟现实技术

利用电脑模拟产生一个三维空间的虚拟世界，构建高度仿真的虚拟实验环境和实验对象，给予使用者关于视觉、听觉、触觉等的感官模拟，让使用者如同身临其境一般，可以及时、没有限制地360°旋转观察三维空间内的事物，界面友好，采用互动操作，形式活泼。

（2）智能操作指导

在具体的操作过程中，系统能够模拟实际操作中的每个步骤，并加以文字或语音说明。

（3）评分系统

本3D仿真软件具有实时评分系统，在每次完成相应的任务后，后台都会及时给出分数，方便测评。

（4）实用性强

本 3D 仿真软件由计算机程序设计人员、虚拟现实技术人员、具有实际经验的一线工程技术人员和专业教师合作完成，贴近实际，过程规范，适合实验室安全培训使用。

本 3D 仿真软件可用于本科、专科以及职业教育中的化学、化工、生物、环境等相关专业学生的实验室安全知识培训。

1.2 化工实验室安全虚拟现实3D仿真操作规程及界面功能说明

1.2.1　个人防护安全 3D 仿真

个人防护安全软件主要培训内容为进入实验区域以后的个人防护措施和行为准则，包括实验前、实验中、实验后的具体内容。

1.2.1.1　操作要求

（1）进入实验室以前：

a. 把书包放在储物柜，不准带入实验室。

b. 更换实验服。

c. 佩戴防护眼镜。

d. 佩戴防护口罩。

e. 佩戴防护手套。

f. 学习安全卫生管理条例。

g. 确认灭火器位置，学习如何使用。

h. 确认安全出口位置。

i. 确认紧急喷淋洗眼器位置，学习如何使用。

（2）进入实验室，开始实验：

a. 刷门禁卡。

b. 开门，进入实验室，关门。

c. 在实验记录本上进行登记。

d. 开启总电源。

e. 打开实验室水阀。

f. 再次确认实验室紧急喷淋洗眼器位置。

g. 打开实验室窗户。

h. 开启通风橱。

i. 开始实验操作（略）。

（3）实验完毕，离开实验室：

a. 关闭通风橱。

b. 关闭窗户。

c. 关闭水阀。

d. 关闭总电源。

e. 登记离开时间。

f. 按门禁开关开门，离开实验室，关门。

g. 脱下防护手套。

h. 取下防护眼镜。

i. 摘下防护口罩。

j. 脱下实验服。

1.2.1.2　界面操作步骤

（1）单击项目管理器中的实验项目，进入图 1-1 所示的启动界面。软件首先会播放一段穿戴讲解的交互视频，视频采取活泼易懂的方式讲述了实验室穿戴的规则，可以点击视频右上角"×"关闭。

图 1-1　启动界面

（2）走到储物柜前，鼠标置于刷卡区，出现"刷卡存包"四字，见图 1-2，点击，画面中人物身上背包可消失，储物柜中背包显现。

图 1-2　刷卡存包界面

（3）走到实验服前，右键单击实验服，出现"使用"界面，见图1-3，点击后，实验服可穿到人物身上。

图1-3　穿戴实验服界面

（4）穿上实验服以后，右键分别单击口罩、手套、眼镜，均可出现"使用"界面（见图1-4），点击后，相关安全装备可穿戴到人物身上。

图1-4　穿戴相关安全装备界面

（5）穿戴完毕，首先学习安全卫生管理条例，明确实验室行为规范。学习方式采用右键点击宣传栏，出现"近距离观察"界面后（见图1-5），点击确认。学习完毕，点击宣传栏以外的任何地方屏幕可恢复。

（6）熟悉安全出口、灭火器、紧急喷淋洗眼器的位置（见图1-6），地面有光斑指引。

（7）走到光圈附近，出现对应的"×××使用"界面（见图1-7），点击界面会播放动画，学习紧急喷淋设备以及灭火器的使用。

（8）确认完实验室所处环境以后，进入实验室。首先刷卡，左键单击刷卡器（见图1-8），刷卡器变亮，出现"欢迎进入"字眼。刷卡后需10s以内开门，如超时需重刷。

图 1-5　学习安全卫生管理条例

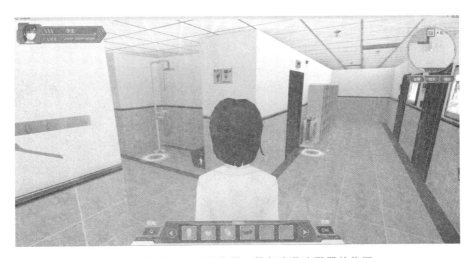

图 1-6　安全出口、灭火器、紧急喷淋洗眼器的位置

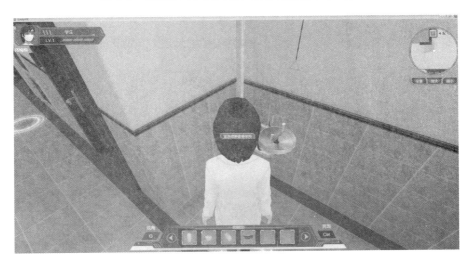

图 1-7　紧急喷淋设备的使用

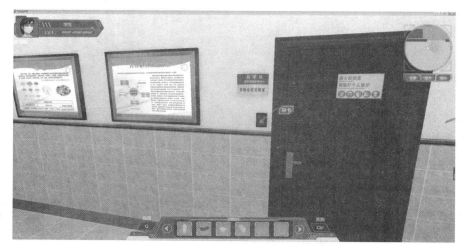

图 1-8　实验室刷卡进入

（9）右击实验室门，出现"打开"界面（见图 1-9），点击，门打开，进入以后再点击门，选择关闭。

图 1-9　打开实验室门

（10）在实验记录本上登记个人信息（见图 1-10），其中离开时间等离开时再填写。

（11）走到配电箱附近（见图 1-11），点击开门，再单击总电源开关，打开总电源。

（12）找到实验室总水阀，点击出界面（见图 1-12），点击"开"，然后点击"确定"按钮。

（13）确认洗眼器位置，在弹出的界面上（见图 1-13）点击"确定"按钮。

（14）打开实验室窗户，首先右键单击窗户（见图 1-14），弹出界面，点击"打开"按钮，窗户即变为开启状态。

（15）打开通风橱，单击通风橱面板上的"开始"按钮（见图 1-15），通风橱打开，即可开始实验（实验过程略）。

（16）实验完毕，整理收拾，准备离开。首先关闭通风橱、窗户、总水阀、总电源（操作方式与打开时相似）。点击实验记录本（见图 1-16），登记离开时间，软件自动读取

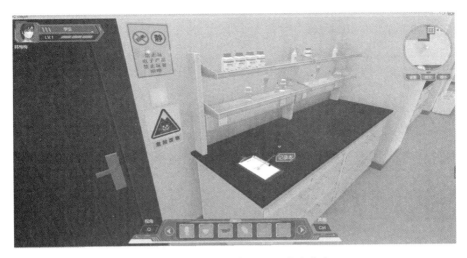

图 1-10　实验记录本上登记个人信息

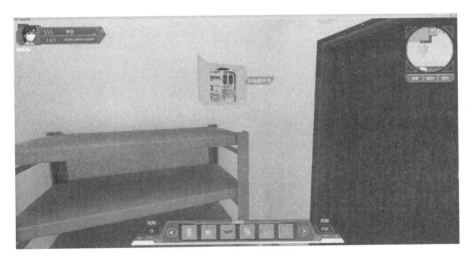

图 1-11　打开总电源

图 1-12　开实验室总水阀

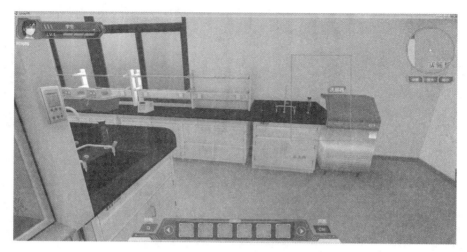

图 1-13　确认洗眼器位置

图 1-14　打开实验室窗户

图 1-15　打开通风橱

图 1-16　结束实验，离开实验室

图 1-17　点击"门禁"开关

图 1-18　脱掉实验有关的防护用品

系统时间。

（17）点击"门禁"开关（见图 1-17），然后开门，离开实验室。

（18）走到防护用品放置台处，点击背包栏里面的口罩、手套、眼镜等，脱掉防护用品（见图1-18），最后脱去实验服。

（19）软件操作结束，可点击右上角"×"退出。

思考题：

（1）实验开始前应该做好哪些准备？

（2）师生进入实验室工作，一定要搞清楚（　　　　）等位置，以在出现实验试剂泄漏的情况时能做好相应的自救工作。

（3）对实验室安全检查的重点是什么？

（4）哪些物质应该在通风橱内操作？

（5）节假日期间，仍然需要进入实验室工作的师生，要严格遵守实验室操作规程，做实验时必须要有人在场，并且在实验完成离开时负责做好什么工作？

1.2.2　安全常识操作 3D 仿真

化学实验者经常接触易燃易爆、有毒有害危险化学品，很容易因为违规操作引发实验事故，因此要特别注意实验室守则及仪器设备的规范使用，需经常对实验室进行排查，发现违规现象应及时纠正。安全常识模块主要培训实验者发现问题及处理问题的能力。

1.2.2.1　操作要求

（1）检查药品台上是否有违禁物品。

（2）整理药品台，摆放整齐。

（3）检查试剂瓶标签。

（4）检查试剂存储。

（5）检查热源附近有无易燃易爆品。

（6）检查冰箱的使用情况。

（7）检查实验室内是否有无人值守的实验。

1.2.2.2　界面操作步骤

（1）单击项目管理器中的实验项目，进入启动界面（见图1-19）。

图 1-19　启动界面

（2）软件启动后进入如图 1-20 所示的界面。

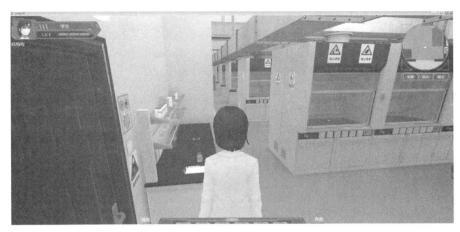

图 1-20 药品台上的手机和可乐

（3）发现不合理现象一：药品台上的手机（见图 1-21）。单击（以下所有单击均指左键单击），出现文本框学习安全知识，学习完毕点击确定按钮，弹出处理办法，点击确定，手机消失，然后继续寻找下一处。

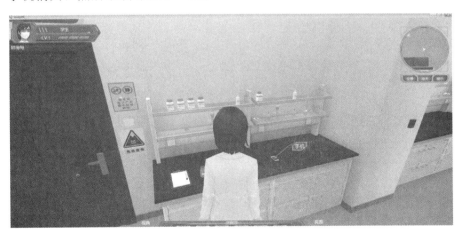

图 1-21 发现药品台上的手机

（4）发现不合理现象二：药品台上的可乐（见图 1-22）。单击，出现文本框学习安全知识，学习完毕点击确定按钮，弹出处理办法，点击确定，可乐消失，然后继续寻找下一处。

（5）发现不合理现象三：药品台上随意放置的用完后未盖瓶盖的硫酸试剂瓶（图 1-23）。单击瓶盖，盖子会盖到试剂瓶上。单击硫酸瓶，出现文本框学习安全知识，学习完毕后点击确定按钮，弹出处理办法，点击确定，盛有硫酸的瓶子回到药品架，然后继续寻找下一处。

（6）发现不合理现象四：药品架上有未贴标签的试剂瓶（图 1-24）。单击，出现文本框学习安全知识，学习完毕后点击确定按钮，弹出处理办法，点击确定，试剂瓶标签显现，然后继续寻找下一处。

（7）发现不合理现象五：丙酮盛放在药品架上的敞口烧杯里（图 1-25）。单击，出

图 1-22　发现药品台上的可乐

图 1-23　药品台上随意放置的用完后未盖瓶盖的硫酸试剂瓶

图 1-24　药品架上有未贴标签的试剂瓶

现文本框学习安全知识，学习完毕后点击确定按钮，弹出处理办法，点击确定，装丙酮的容器变为带盖的广口瓶，然后继续寻找下一处。

图1-25　丙酮盛放在药品架上的敞口烧杯里

（8）发现不合理现象六：烘箱下面的乙醇桶（见图1-26）。单击，出现文本框学习安全知识，学习完毕后点击确定按钮，弹出处理办法，点击确定，乙醇桶消失，然后继续寻找下一处。

图1-26　烘箱下面的乙醇桶

图1-27　普通冰箱里存放有乙醚

（9）发现不合理现象七：普通冰箱里存放有乙醚（见图1-27）。单击冰箱门，打开，装有乙醚的瓶子高亮，点击，出现文本框学习安全知识，学习完毕后点击确定按钮，弹出处理界面，点击即可。

（10）操作结束，可点击右上角"×"退出。

思考题：

（1）实验室存放化学易燃物品的冰箱（冰柜），一般使用年限为几年？

（2）实验室使用的烘箱、箱式电阻炉（马弗炉）、油浴设备等加热设备，一般使用年限为几年？

（3）易燃液体采用什么方式加热？是否用人看管？

（4）易燃和易爆物品不应该堆放在什么设备附近？

（5）大量试剂应存放在什么地方？

（6）盐酸、甲醛溶液、乙醚等易挥发试剂应如何合理存放？

（7）在普通冰箱中不可以存放什么物品？

1.2.3 化学品洒出事故处理 3D 仿真

事故事件说明：韩梅梅在移取盐酸过程中，不小心碰到了未盖瓶盖的试剂瓶，造成盐酸流淌在桌上。而扶正瓶子时，试剂又沾到手部及实验服袖子上。

1.2.3.1 操作要求

（1）韩梅梅：

a. 通知实验室人员迅速撤离并采取自救措施。

b. 迅速脱掉沾有试剂的衣服。

c. 用大量水冲洗，视情况决定是否进行下一步处理（见韩梅梅可自行处理，李雷立刻去处理实验室内泄漏的药品）。

（2）李雷：

a. 穿戴防护用品。

b. 进入实验室。

c. 首先关闭实验室内热源开关（烘箱）。

d. 取用生石灰（或苏打灰），均匀撒在盐酸上。

e. 固体用抹布收集起来。

f. 把收集起来的固体转入废固收集箱。

g. 打开通风橱，加强通风。

1.2.3.2 界面操作步骤

（1）单击项目管理器中的实验项目，进入启动界面（图1-28）。

（2）软件启动后，进入如图1-29所示的界面。

（3）点击门禁（见图1-30），右键门，打开，走出实验室。

（4）出门后点击屏幕下方背包栏（见图1-31），脱去实验服。

（5）点击喷淋设备拉环（见图1-32），进行冲洗。

（6）韩梅梅受伤轻微，可自行冲洗处理（见图1-33），李雷立刻去处理实验室内

图 1-28　启动界面

图 1-29　韩梅梅在移取盐酸过程中，不小心碰到了未盖瓶盖的试剂瓶

图 1-30　打开门，走出实验室

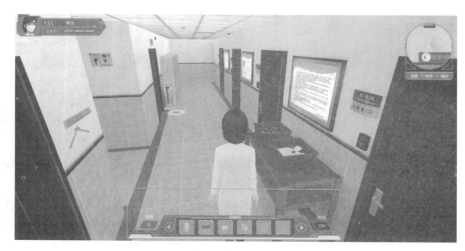

图 1-31　脱去实验服

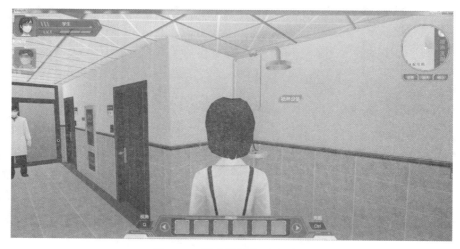

图 1-32　用喷淋设备进行冲洗

图 1-33　韩梅梅受伤轻微，可自行冲洗处理

泄露的药品，此时有人物切换，点击左上角李雷头像。

（7）李雷走到防护用品柜前（见图1-34），点击柜门，门打开，右键点击衣服，出现"使用"界面，点击后穿上衣服，右键点击呼吸器，出现"使用"界面，点击后穿戴上呼吸器。

图1-34　李雷走到防护用品柜前

（8）穿戴完毕，如图1-35所示。

图1-35　李雷穿戴完毕防护用品

（9）进入室内（见图1-36），点击生石灰，石灰进入下方背包栏，点击背包栏上部的使用图片，可播放撒石灰特效。

（10）右键抹布和废固桶（见图1-37），出现使用界面后，左键单击，物品会加载到背包栏，点击背包栏上方的使用图标，可调用相关物品，把固体转入废固收集箱。

（11）点击电源（见图1-38），启动通风橱，点击橱门，可打开通风橱的玻璃门，加强实验室空气流动。

（12）操作完毕，可点击右上角"×"退出。

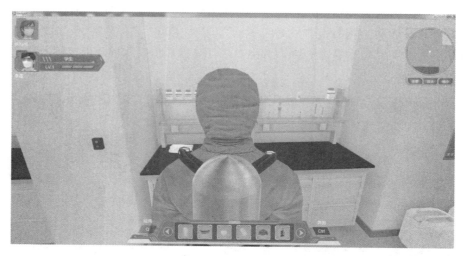

图 1-36　李雷进入室内

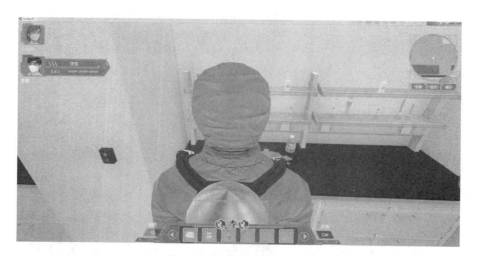

图 1-37　右键抹布和废固桶

图 1-38　点击电源，启动通风橱

思考题：

（1）如果不慎将化学品洒在桌面或地面，应立即采取什么措施？

（2）如果不慎将化学试剂弄到衣物和身体上，应立即采取什么措施？

（3）溶剂溅出并燃烧，应如何处理？

（4）当不慎把少量浓硫酸滴在皮肤上（在皮肤上未形成挂液）时，正确的处理方法是什么？

1.2.4 实验室火灾事故处理 3D 仿真

火灾性事故的发生具有普遍性，一般的化学化工实验室都可能发生，本节模拟了实验室火灾发生时的状况及处理办法，可以使学生在事故发生时保持镇定，最大限度降低事故带来的危害。

1.2.4.1 操作要求

（1）迅速切断电源。

（2）按响警报，并报告实验室负责人。

（3）取灭火器灭火。

（4）扑灭火以后，页面弹出选择题清理现场或保护现场。

1.2.4.2 界面操作步骤

（1）单击项目管理器中的实验项目，进入启动界面（见图1-39）。

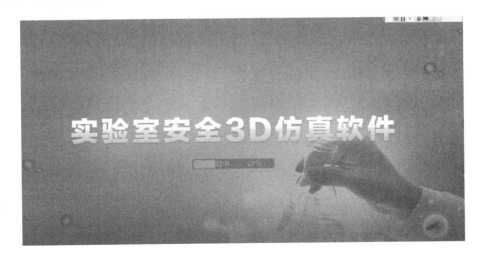

图 1-39 启动界面

（2）软件启动后进入如图1-40所示的界面。

（3）迅速切断电源，左键单击配电箱，点击电源开关，切断电源（见图1-41）。

（4）左键点击，按响警报（见图1-42），并报告实验室负责人。

（5）取灭火器灭火（见图1-43），左键单击灭火器门，打开（见图1-44），右键单击灭火器，灭火器可进入工具栏，人物快速返回着火点。

（6）点击通风橱门，玻璃门打开，点击图1-45所示的灭火器使用图标。

图 1-40　实验室发现火情

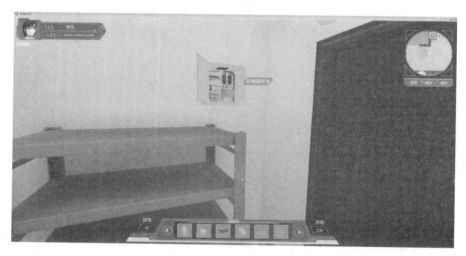

图 1-41　切断电源

图 1-42　按响警报

图 1-43　寻找灭火器

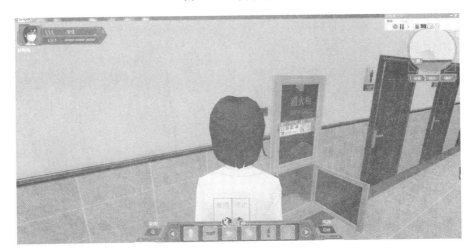

图 1-44　打开放灭火器柜子的门

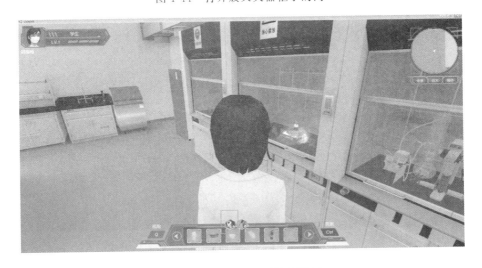

图 1-45　点击灭火器使用图标

（7）点击选择题界面上合适的选项，火灾过后，要保护现场，认真分析并查明原因，培训结束，可点击右上角"×"退出。

思考题：

（1）灭火的四种方法是什么？

（2）如果实验时出现火情，要立即采取什么措施？

（3）易燃液体在火源和热源的作用下的燃烧过程是什么？

（4）乙炔在什么情况下会发生爆炸？

（5）什么灭火剂是扑救精密仪器火灾的最佳选择？

（6）什么火灾用水扑救会使火势扩大？

（7）对钠、钾等金属着火用什么方法扑灭？

1.2.5 停水停电故障处理 3D 仿真

当实验室遇到停水停电，一定要及时关闭水源及电源，预防再次通水通电时带来安全事故。

1.2.5.1 操作要求

（1）找到实验室配电箱，关掉总电源。

（2）找到实验室总水阀，关掉总水源。

（3）关掉旋蒸仪开关、水浴开关及真空泵开关。

（4）将冰箱中易挥发试剂转移到通风橱内。

（5）关闭烘箱及所有加热设备开关。

（6）关闭实验室窗户。

（7）点击开门，离开实验室，关门。

1.2.5.2 界面操作步骤

（1）单击项目管理器中的实验项目，进入启动界面（见图 1-46）。

图 1-46　启动界面

（2）软件启动后进入如图 1-47 所示的界面。

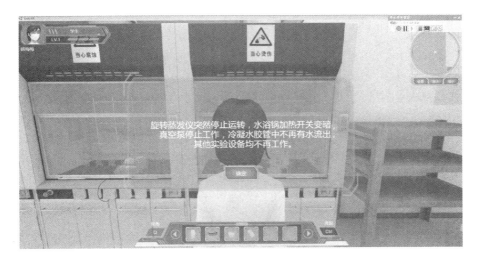

图 1-47　发现电动设备停运、冷凝水管不出水

（3）找到配电箱，点击开门，再单击总电源开关，关闭总电源（见图1-48）。

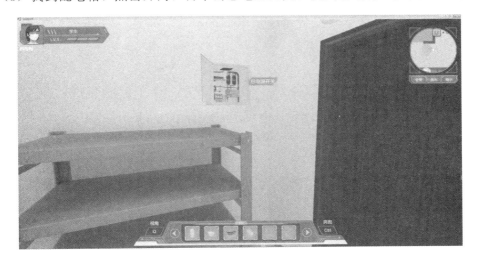

图 1-48　找到配电箱，关闭总电源

（4）找到实验室总水阀，点击出界面，点击"关"，然后点击"确定"按钮（见图1-49）。

（5）左键点击通风橱门，玻璃门打开，左键分别点击方框内按钮，关掉旋蒸仪开关、水浴开关、真空泵开关（见图1-50）。

（6）将冰箱中易挥发试剂转移到通风橱内（见图1-51），左键点击冰箱门打开，鼠标放在过氧化氢瓶身后，右键点击"去通风橱"。

（7）左键点击，关闭烘箱及所有加热设备开关（见图1-52）。

（8）关闭实验室窗户（见图1-53）。右键点击窗户，出现"关闭"界面，左键单击，窗户即可关闭。

（9）右键单击实验室门，开门，离开实验室，关门（见图1-54）。

（10）培训结束，可点击右上角"×"退出。

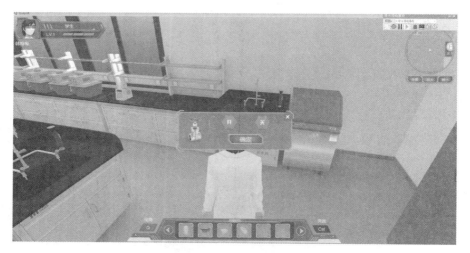

图 1-49　找到实验室总水阀，然后关闭

图 1-50　关闭旋蒸仪开关、水浴开关、真空泵开关

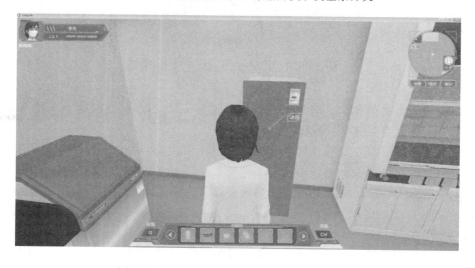

图 1-51　将冰箱中易挥发试剂转移到通风橱内

图 1-52　关闭烘箱及所有加热设备开关

图 1-53　关闭实验室窗户

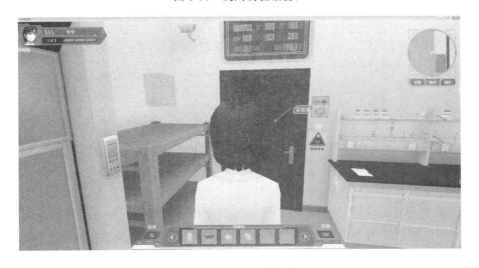

图 1-54　离开实验室

思考题：

（1）实验室总水阀关闭前，阀门应该处于什么状态？

（2）在使用设备时，如果发现设备工作异常，怎么办？

（3）当实验室遇停水停电时，为什么一定要及时关闭水源及电源？

（4）当实验室遇停电时，为什么一定要及时关闭烘箱及所有加热设备开关？

1.2.6 水银泄漏事故处理 3D 仿真

在实验室经常使用的水银温度计在使用中不小心碰碎，会造成水银（汞）泄漏。水银是有毒物质，汞蒸气在较低浓度（$0.7\sim42\mu g/m^3$）的情况下，可以对人体造成慢性汞中毒。所以，必须及时正确地加以处理。

1.2.6.1 操作要求

（1）关闭窗户、通风橱。

（2）关闭周围加热装置。

（3）对水银泄漏物进行处理。

（4）打开通风橱，通风 $3\sim4h$。

（5）打开窗户，加强通风。

（6）污染物交由相关部门做无害化处理。

1.2.6.2 界面操作步骤

（1）单击项目管理器中的实验项目，进入启动界面（见图 1-55）。

图 1-55　启动界面

（2）软件启动后进入图 1-56 所示界面，点击确定进入可操作状态。

（3）走到窗户前（见图 1-57），右键点击出现"关闭"界面，单击"关闭"。

（4）关闭通风橱（见图 1-58），单击通风橱面板上的电源按钮，通风橱关闭。

（5）单击地面上的水银（见图 1-59），播放水银处理的动画。

（6）单击通风橱电源（见图 1-60），启动通风橱，点击玻璃门，打开通风橱门，加强通风。

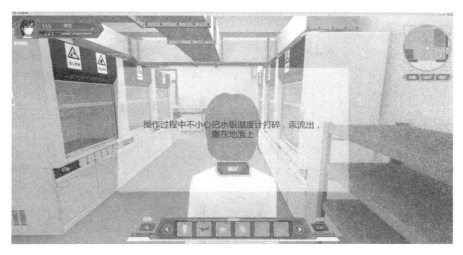

图 1-56　水银温度计不小心碰碎，造成汞泄漏

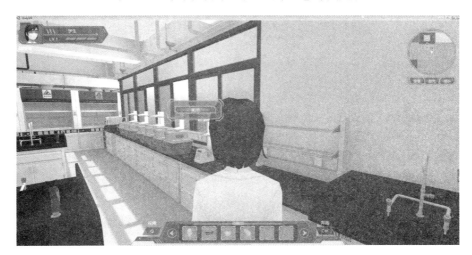

图 1-57　关闭窗户

图 1-58　关闭通风橱

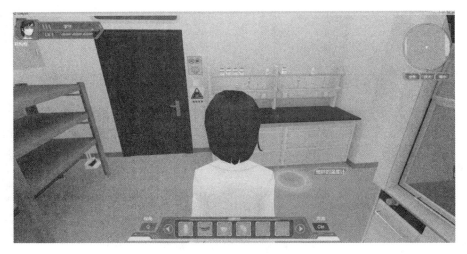

图 1-59　单击地面的水银

图 1-60　单击通风橱电源

图 1-61　走到窗户前

（7）走到窗户前（见图1-61），右键点击出现"打开"界面，单击打开窗户。

（8）软件操作结束，可点击右上角"×"退出。

思考题：

（1）水银温度计破了以后，正确的处理方法是什么？

（2）当水银温度计破了以后，为什么要先关闭窗户、通风橱？

第2章 化工原理CEST虚拟现实3D仿真

2.1 流体流动阻力系数测定实验3D仿真

2.1.1 实验目的

（1）掌握测定流体流动阻力的实验方法。

（2）测定流体流经直管时的摩擦阻力损失，并确定摩擦系数 λ 与雷诺数 Re 的关系，验证在一般湍流区内 λ 与 Re 的关系曲线。

（3）测定流体流经突然扩大管路和阀门时的局部阻力系数 ζ。

（4）将所得光滑管的 λ-Re 方程与柏拉修斯（Blasius）方程相比较。

2.1.2 实验原理

流体在由直管、管件（如三通和弯头等）和阀门等组成的管道内流动时，由于流体的黏性作用和涡流的影响会产生阻力损失。流体流经直管时所造成的机械能损失称为直管阻力损失，流体通过管件、阀门等部件时因流体流动方向和速度大小改变所引起的机械能损失称为局部阻力损失。

2.1.2.1 直管阻力摩擦系数 λ 的测定

流体在直管内流动时阻力损失的大小与管长、管径、流体流速和直管阻力摩擦系数 λ 有关，它们之间的关系为：

$$h_{\mathrm{f}} = \frac{\Delta p_{\mathrm{f}}}{\rho} = \lambda \, \frac{l}{d} \times \frac{u^2}{2} \tag{2-1}$$

由流体流动的机械能衡算式伯努利方程可知，流体在水平等径直管中稳态流动时，由截面 1 流动至截面 2 的阻力损失表现为压力的降低，即

$$h_{\mathrm{f}} = \frac{\Delta p_{\mathrm{f}}}{\rho} = \frac{p_1 - p_2}{\rho} \tag{2-2}$$

因而有：

$$\lambda = \frac{2d(p_1 - p_2)}{\rho l u^2} = \frac{2d\Delta p}{\rho l u^2} \tag{2-3}$$

式中　λ——直管阻力摩擦系数，量纲为 1；

　　　d——直管内径，m；

　　Δp_f——流体流经 l（m）直管的压力降，Pa；

　　　h_f——单位质量流体流经 l（m）直管的机械能损失，J/kg；

　　　ρ——流体密度，kg/m³；

　　　l——直管长度，m；

　　　u——流体在管内流动的平均流速，m/s；

　　Δp——直管前后端截面 1、2 的压差，Pa。

直管阻力摩擦系数 λ 与雷诺数 Re 之间有一定的关系。

滞流（层流）时：

$$\lambda = \frac{64}{Re} \tag{2-4}$$

$$Re = \frac{du\rho}{\mu} \tag{2-5}$$

式中　Re——雷诺数，量纲为 1；

　　　μ——流体黏度，Pa·s。

湍流时 λ 是雷诺数 Re 和管子相对粗糙度（ε/d）的函数，需由实验确定，一般用曲线表示其函数关系。根据经验，对于光滑管，有柏拉修斯（Blasius）公式：

$$\lambda = \frac{0.3164}{Re^{0.25}} \tag{2-6}$$

上式适用范围为：$Re = 3\times10^3 \sim 1\times10^5$。

由式(2-3)、式(2-5)可知，欲测定 λ 和 Re，需确定 l、d，测定 Δp、u、ρ、μ 等参数。l、d 为装置参数（已固定）；ρ、μ 通过测定流体温度，再查有关手册而得；u 通过测定流体流量，再结合管径计算得到：

$$u = \frac{V_s}{\frac{\pi}{4}d^2} \tag{2-7}$$

2.1.2.2　局部阻力系数 ξ 的测定

局部阻力损失通常有两种表示方法，即当量长度法和阻力系数法。

（1）当量长度法　流体流过某管件或阀门时造成的机械能损失看作流体流过某一长度为 l_e 的同管径的直管所产生的机械能损失，此折合的直管长度称为管件、阀门的当量长度，用符号 l_e 表示。这样，就可以用直管阻力的公式来计算局部阻力损失，而且在管路计算时可将管路中的直管长度与管件、阀门的当量长度合并在一起计算，则流体在管路中流动时的总机械能损失 Σh_f 为：

$$\Sigma h_f = \lambda \frac{l + \Sigma l_e}{d} \times \frac{u^2}{2} \tag{2-8}$$

式中，l_e 为管件、阀门的当量长度，由实验测得，m。

（2）**阻力系数法**　流体通过某一管件或阀门时的机械能损失表示为流体在管内流动时平均动能的某一倍数，局部阻力的这种计算方法，称为阻力系数法，即

$$h'_f = \frac{\Delta p'_f}{\rho} = \xi \frac{u^2}{2} \tag{2-9}$$

因此有：

$$\xi = \frac{2\Delta p'_f}{\rho u^2} \tag{2-10}$$

式中　ξ——局部阻力系数，量纲为1；

　　　$\Delta p'_f$——局部阻力压力降，Pa。

局部阻力系数与流体流过的管件、阀门等的几何形状以及流体流动的 Re 有关，当 Re 大到一定程度以后，ξ 与 Re 无关，成为定值。

本仿真实验采用阻力系数法表示管件或阀门的局部阻力损失。

根据连接管件或阀门两端管径中小管的直径 d、流体温度 t（查流体物性ρ、μ）、实验时测定的流量 V_s、两截面压差 Δp，通过式（2-7）、式（2-10）求取管件或阀门的局部阻力系数 ξ。

2.1.3　软件运行界面

3D 场景仿真系统运行界面见图 2-1、图 2-2。

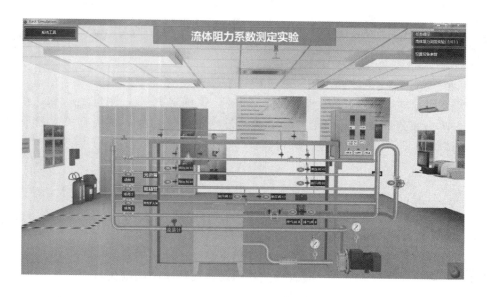

图 2-1　3D 场景仿真系统运行界面 1

操作者主要在 3D 场景仿真界面中进行操作，实验任务提示在右上角，并且可以通过点击查看详细列表；运行界面左上方系统工具栏可以查看操作提示，进行双屏扩展和退出操作；通过双击右下角的东方仿真公司图标，可以展开、关闭实验栏，在其中可以进行查看设备介绍、实验指导、设置参数、数据处理和思考题等操作；评分界面（图2-3）可以查看实验任务的完成情况及得分情况。

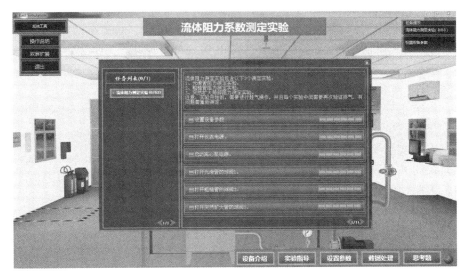

图 2-2　3D场景仿真系统运行界面 2

图 2-3　操作质量评分系统运行界面

2.1.4　仿真实验步骤

（1）设置设备参数，设定参数完成后，记录数据。

（2）打开仪表电源。

（3）启动离心泵电源。

（4）打开光滑管的球阀 1，打开粗糙管的球阀 2，打开突然扩大管的球阀 3。

（5）打开光滑管的测压阀 A1、A2，打开粗糙管的测压阀 B1、B2，打开突然扩大管的测压阀 C1、C2。

（6）打开排气阀 A，打开排气阀 B；打开主管路的出口阀，赶气半分钟；排气完成后，关闭排气阀 A，关闭排气阀 B。

（7）关闭粗糙管的球阀 2，关闭突然扩大管的球阀 3，关闭粗糙管的测压阀 B1、B2，关闭突然扩大管的测压阀 C1、C2，关闭光滑管的球阀 1，关闭主管路的出口阀。

（8）查看压差计示数是否为 0。

（9）打开光滑管的球阀 1。

（10）调节主管路出口阀的开度，待流量计和压差计读数稳定后，记录数据。

（11）重复进行步骤（10），总共记录 10 组数据。

（12）点击实验报告查看光滑管实验数据。

（13）关闭光滑管的球阀 1，关闭光滑管的测压阀 A1、A2。

（14）关闭主管路的出口阀。

（15）打开粗糙管的测压阀 B1、B2。

（16）查看压差计示数是否为 0。

（17）打开粗糙管的球阀 2。

（18）调节主管路出口阀的开度，待流量计和压差计读数稳定后，记录数据。

（19）重复进行步骤（18），总共记录 10 组数据。

（20）点击实验报告，查看粗糙管实验数据。

（21）关闭粗糙管的球阀 2，关闭粗糙管的测压阀 B1、B2。

（22）关闭主管路的出口阀。

（23）打开突然扩大管的测压阀 C1、C2。

（24）查看压差计示数是否为 0。

（25）打开突然扩大管的球阀 3。

（26）调节主管路出口阀的开度，待流量计和压差计读数稳定后，记录数据。

（27）重复进行步骤（26），总共记录 10 组数据。

（28）点击实验报告，查看突然扩大管实验数据。

（29）关闭突然扩大管的球阀 3，关闭突然扩大管的测压阀 C1、C2。

（30）关闭主管路出口阀。

（31）关停离心泵电源。

（32）关闭仪表电源。

（33）处理实验数据并完成思考题。

2.1.5　实验结果及分析

（1）根据粗糙管实验结果，在双对数坐标纸上标绘出 $\lambda\text{-}Re$ 曲线，并对照经验关联图估算出该管的相对粗糙度和绝对粗糙度。

（2）根据光滑管实验结果，在双对数坐标纸上标绘出 $\lambda\text{-}Re$ 曲线，以 $\lambda = \dfrac{c}{Re^{m}}$ 的形式拟合出 λ 和 Re 的关系方程，对照柏拉修斯方程，计算其误差。

（3）根据局部阻力实验结果，求出选定管件或阀门的局部阻力系数 ξ 值。

2.1.6　思考题

（1）流体在管路中做稳态流动时，具有什么特点？

（2）流体流动时产生摩擦阻力的根本原因是什么？

（3）滞流内层的厚度随流体流速的增加如何变化？

（4）水在圆形直管内做完全湍流时，若输送量、管长和管子的相对粗糙度不变，仅将其管径缩小一半，则阻力变为原来的多少倍？

（5）相同管径的圆形管道中分别流动着黏油和清水，若雷诺数相等，二者的密度相差不大，而黏度相差很大时，则油与水哪个流速大？

（6）水在等直径垂直管内稳定连续流动时，其流速会如何变化？

（7）流体流过管件的局部阻力系数与什么条件有关？

（8）在不同条件下测定的直管摩擦阻力系数 λ 与雷诺数 Re 的数据能否关联在同一条曲线上？

2.2　离心泵特性曲线测定实验3D仿真

2.2.1　实验目的

（1）加深了解离心泵性能，熟悉离心泵的使用及操作方法。

（2）掌握离心泵在一定转速下的特性曲线的测定方法。

（3）掌握管路特性曲线的测定方法。

（4）了解离心泵的工作点与流量调节。

2.2.2　实验原理

2.2.2.1　离心泵特性曲线

离心泵的主要性能参数有流量 Q（又称送液能力）、扬程 H（又称压头）、轴功率 N 和效率 η。在一定的转速下，离心泵的扬程 H、轴功率 N 和效率 η 均随流量 Q 的大小而改变。通常用水由实验测出 H-Q、N-Q 及 η-Q 之间的关系，并以三条曲线分别表示出来，这三条曲线就称为离心泵的特性曲线。

离心泵的特性曲线是确定泵适宜的操作条件和选用离心泵的重要依据。但是，离心泵的特性曲线目前还不能用解析方法进行精确计算，仅能通过实验来测定，而且离心泵的性能全都与转速有关。在实际应用过程中，大多数离心泵又是在恒定转速下运行，所以本实验要学习离心泵在恒定转速下特性曲线的测定方法，具体如下：

（1）流量 Q 的测定　离心泵流量一般用安装在管路上的流量计测定，本实验用下式计算：

$$流量 \ Q(\text{L/s}) = 涡轮流量计频率/涡轮流量计流量系数$$

注意：还要将单位进一步转换成米^3/秒（m^3/s）。

（2）扬程 H 的测定与计算　在离心泵进、出口处分别安装真空表和压力表，在进口真空表处和出口压力表处管路两截面间列伯努利方程：

$$Z_1 + \frac{p_1}{\rho g} + \frac{u_1^2}{2g} + H = Z_2 + \frac{p_2}{\rho g} + \frac{u_2^2}{2g} + H_f \qquad (2\text{-}11)$$

式中　ρ——流体密度，kg/m^3；

g——重力加速度，m/s²；

H_f——压头损失，m；

p_1、p_2——泵进、出口的压力，Pa；

u_1、u_2——泵进、出口的流速，m/s；

Z_1、Z_2——真空表、压力表安装处管路截面中心的几何高度，m。

由于两截面间的管路很短，其压头损失 H_f 与伯努利方程中其他项比较，其值很小可忽略不计。两截面间的动压头差 $\dfrac{u_2^2-u_1^2}{2g}$ 也很小，通常也可忽略不计，则式（2-11）可简化为：

$$H=(Z_2-Z_1)+\frac{p_2-p_1}{\rho g}+\frac{u_2^2-u_1^2}{2g} \tag{2-12}$$

由上式可知，只要直接读出真空表和压力表上的数值，测定两表的安装高度差及计算得到流速 u_1、u_2，就可计算出泵的扬程。

（3）轴功率 N 的测定 离心泵的轴功率难以直接测定，一般间接测定。离心泵一般由电动机直接驱动，其轴功率就是电动机传给泵轴的功率，测量时通常由三相功率表直接测定电动机输入功率，然后乘以电动机传动效率得到，即

$$N=N_电 k \tag{2-13}$$

式中 $N_电$——电动机输入功率，W；

k——电动机传动效率，由于泵由电动机直接驱动，可取 $k=1.0$。

（4）效率 η 的计算 泵的效率 η 是泵的有效功率 N_e 与轴功率 N 的比值。有效功率 N_e 是单位时间内流体经过泵时所获得的实际功，轴功率 N 是单位时间内泵轴从电动机得到的功，二者差异反映了离心泵的水力损失、容积损失和机械损失的大小。

泵的有效功率 N_e 可用下式计算：

$$N_e=HQ\rho g \tag{2-14}$$

式中，N_e 为泵的有效功率，W。

故泵效率为：

$$\eta=\frac{HQ\rho g}{N}\times100\% \tag{2-15}$$

2.2.2.2 管路特性曲线

当离心泵安装在特定的管路系统中工作时，实际的工作压头和流量不仅与离心泵本身的性能有关，还与管路特性有关。也就是说，在液体输送过程中，泵和管路二者是相互制约的。

管路特性曲线是指流体流经管路系统的流量与所需压头之间的关系。若将泵的特性曲线与管路特性曲线绘在同一坐标图上，两曲线交点即为泵在该管路的工作点。因此，与通过改变阀门开度来改变管路特性曲线，求出泵的特性曲线一样，可通过改变泵转速来改变泵的特性曲线，从而得出管路特性曲线。泵的压头 H 计算方式同上。

2.2.3 软件运行界面

3D 场景仿真系统运行界面见图 2-4、图 2-5。

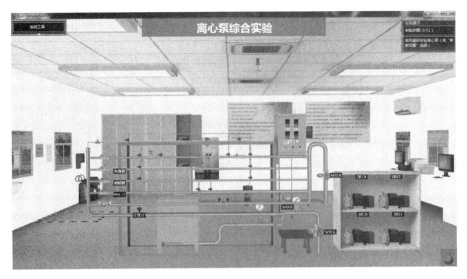

图 2-4　3D场景仿真系统运行界面1

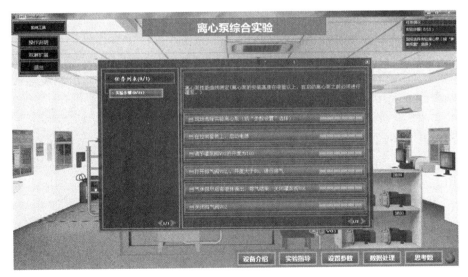

图 2-5　3D场景仿真系统运行界面2

操作者主要在3D场景仿真界面中进行操作，实验任务提示在右上角，并且可以通过点击查看详细列表；运行界面左上方系统工具栏可以查看操作提示，进行双屏扩展和退出操作；通过双击右下角的东方仿真公司图标，可以展开、关闭实验栏，在其中可以进行查看设备介绍、实验指导、设置参数、数据处理和思考题等操作；评分界面（图2-6）可以查看实验任务的完成情况及得分情况。

2.2.4　仿真实验步骤

（1）设定实验参数1：设置离心泵型号。

（2）设定实验参数2：调节离心泵转速（默认50r/s）。

（3）设定实验参数3a：设置泵进口管路内径（默认20mm）。设定实验参数3b：设

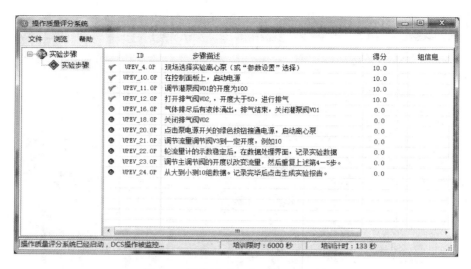

图 2-6　操作质量评分系统运行界面

置泵出口管路内径（默认 20mm）。

（4）设定实验参数完成后，记录数据。

（5）在控制面板上启动电源。

（6）灌泵排气：依次打开离心泵的灌泵阀 V01（调节开度为 100％）、放气阀 V02（调节开度大于 50％）。灌泵排气时，请等待。气体排尽后有液体涌出，成功放气后关闭灌泵阀 V01，关闭放气阀 V02。

（7）点击泵电源开关的绿色按钮接通电源，启动离心泵。

（8）打开主管路的球阀 V06。

（9）调节主管路调节阀 V03 的开度，待真空表、压力表和涡轮流量计读数稳定后，记录数据。

（10）重复进行步骤（9），流量从小到大（或从大到小），总共记录 10 组数据。

（11）点击实验报告，查看离心泵扬程、功率和效率曲线。

（12）控制主管路调节阀 V03 开度在 50％～100％之间。

（13）待真空表和压力表读数稳定后，调节离心泵电动机频率（调节范围 0～50Hz），待压力和流量稳定后，记录数据。

（14）重复进行步骤（13），电动机频率从小到大（或从大到小），总共记录 10 组数据。

（15）点击实验报告，查看管路特性曲线。

（16）关闭主管路球阀 V06。

（17）关闭主管路调节阀 V03。

（18）关停离心泵电源。

2.2.5　实验结果及分析

（1）在同一张坐标纸上绘制一定转速下离心泵的 H-Q、N-Q、η-Q 曲线。

（2）分析上述实验结果，判断泵较为适宜的工况条件。

（3）在上述坐标纸上绘制某一操作条件下的管路特性曲线 H-Q，并标出工作点。

2.2.6 思考题

（1）压力表上显示的压力是被测流体的什么压力？

（2）真空度与绝对压力有什么关系？

（3）做离心泵性能测定实验前，为什么先将泵灌满水？

（4）启动离心泵必须先关闭出口阀的原因是什么？

（5）离心泵的送液能力（流量调节）通过什么实现？

（6）往复泵是否能与离心泵采用同样的流量调节方法？

（7）若汽缸内有大量积水，会引起蒸汽往复泵发生什么现象？

（8）蒸汽往复泵压力波动过大的原因是什么？

（9）由离心泵的特性曲线可知，流量增大则扬程如何变化？

（10）铭牌上标注的性能参数数值一般是指什么情况下的性能？

（11）根据生产任务选择离心泵时，应尽可能使泵在什么状况下工作？

2.3 恒压过滤实验3D仿真

2.3.1 实验目的

（1）了解板框压滤机的构造，掌握其操作方法。

（2）通过恒压过滤实验，验证过滤基本理论。

（3）学会测定过滤常数 K、q_e、θ_e 的方法。

（4）了解过滤压力对过滤速率的影响。

（5）测定洗涤速率，并验证其与最终过滤速率的关系。

2.3.2 实验原理

过滤过程是将悬浮液送至过滤介质的一侧，在其上维持比另一侧较高的压力，液体通过过滤介质成为滤液，固体粒子则被截流逐渐形成滤饼。过滤速率由过滤压力差及过滤阻力决定。过滤阻力由过滤介质（滤布）和滤饼两部分组成。因为滤饼厚度随着时间而增加，所以恒压过滤速率随着时间而降低。对于不可压缩滤饼，过滤速率可表示为：

$$\frac{\mathrm{d}q}{\mathrm{d}\theta}=\frac{K}{2(q+q_e)} \tag{2-16}$$

式中　q——通过单位面积过滤介质的滤液量，$\mathrm{m}^3/\mathrm{m}^2$；

　　　θ——过滤时间，s；

　　　K——过滤常数，由物料特性及过滤压差决定，m^2/s。

　　　q——过滤时间内通过单位面积过滤介质的累计滤液量，$\mathrm{m}^3/\mathrm{m}^2$；

　　　q_e——通过单位面积过滤介质的当量滤液量，$\mathrm{m}^3/\mathrm{m}^2$。

恒压过滤时，将上述微分方程积分可得：

$$q^2 + 2qq_e = K\theta \tag{2-17}$$

2.3.2.1 过滤常数 K、q_e 的测定方法

将式（2-17）进行变换可得：

$$\frac{\theta}{q} = \frac{1}{K}q + \frac{2}{K}q_e \tag{2-18}$$

以 θ/q 为纵坐标、q 为横坐标作图，可得一直线，直线的斜率为 $1/K$，截距为 $2q_e/K$。在不同的过滤时间 θ 下，记录单位过滤面积所得的滤液量 q，由式（2-18）便可求出 K 和 q_e。

若在恒压过滤之前的 θ_1 时间内已通过单位过滤面积的滤液为 q_1，则在 $\theta_1 \sim \theta$ 及 $q_1 \sim q$ 范围内将式（2-16）积分，整理后得：

$$\frac{\theta - \theta_1}{q - q_1} = \frac{1}{K}(q - q_1) + \frac{2}{K}(q_1 + q_e) \tag{2-19}$$

$\dfrac{\theta - \theta_1}{q - q_1}$ 与 $q - q_1$ 之间为线性关系，同样可求出 K 和 q_e。

2.3.2.2 洗涤速率与最终过滤速率的测定

在一定的压力下，洗涤速率是恒定不变的，因此它的测定比较容易。它可以在水量流出正常后开始计量，计量多少也可根据需要决定。洗涤速率 $\left(\dfrac{\mathrm{d}V}{\mathrm{d}\theta}\right)_w$ 为单位洗涤时间所得的洗液量：

$$\left(\frac{\mathrm{d}V}{\mathrm{d}\theta}\right)_w = \frac{V_w}{\theta_w} \tag{2-20}$$

式中　$\left(\dfrac{\mathrm{d}V}{\mathrm{d}\theta}\right)_w$ ——洗涤速率，m^3/s；

　　　　V_w ——洗液量，m^3；

　　　　θ_w ——洗涤时间，s。

V_w、θ_w 均由实验测得，即可算出 $\left(\dfrac{\mathrm{d}V}{\mathrm{d}\theta}\right)_w$。

最终过滤速率的测定是比较困难的，因为它是一个变量。为测得比较准确，建议过滤操作要进行到滤框全部被滤渣充满以后再停止。根据恒压过滤基本方程，恒压过滤最终速率为：

$$\left(\frac{\mathrm{d}V}{\mathrm{d}\theta}\right)_E = \left[\frac{KA^2}{2(V + V_e)}\right]_E = \left[\frac{KA}{2(q + q_e)}\right]_E \tag{2-21}$$

式中　$\left(\dfrac{\mathrm{d}V}{\mathrm{d}\theta}\right)_E$ ——最终过滤速率，m^3/s；

　　　　A ——过滤面积，m^2；

　　　　V ——通过过滤介质的滤液量，m^3；

　　　　V_e ——过滤介质的当量滤液体积，m^3。

2.3.3 软件运行界面

3D 场景仿真系统运行界面见图 2-7，实验操作简介界面见图 2-8。

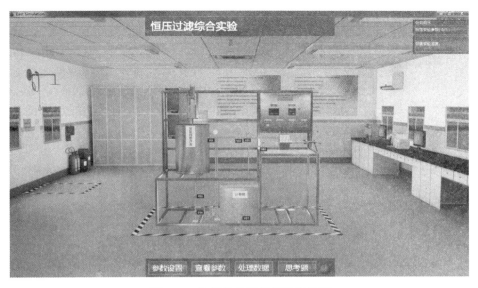

图 2-7　3D 场景仿真系统运行界面

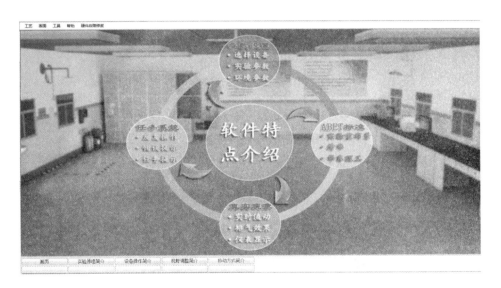

图 2-8　实验操作简介界面

　　操作者主要在 3D 场景仿真界面中进行操作，根据任务提示进行操作；实验操作简介界面可以查看软件特点介绍、实验原理简介、视野调整简介、移动方式简介和设备操作简介；评分界面（图 2-9）可以查看实验任务的完成情况及得分情况。

2.3.4　仿真实验步骤

　　（1）设定实验参数：设置实验温度，设置板框数（未设置则默认为 2），完成设置后，保存数据。

　　（2）打开总电源开关。

　　（3）打开搅拌器开关，调节搅拌器转速大于 500r/min。

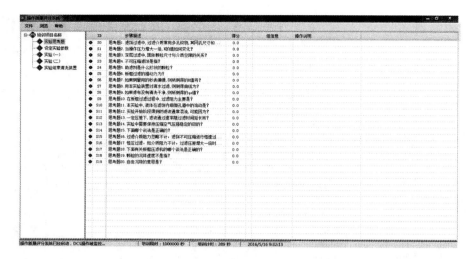

图 2-9 操作质量评分系统运行界面

（4）打开旋涡泵前阀 V06。

（5）打开旋涡泵电源开关。

（6）全开阀门 V01，建立回流。

（7）观察泵后压力表示数，等待指针稳定。

（8）压力表稳定后，打开过滤入口阀 V03。

（9）压紧板框。

（10）打开过滤出口阀 V05。

（11）滤液流出时开始计时，液面高度每上升 10cm 记录一次数据。

（12）重复进行步骤（11），记录 8 组数据。

（13）当每秒滤液量接近 0 时停止计时。

（14）关闭过滤入口阀 V03。

（15）打开阀门 V07，把计量槽内的滤液放空。待滤液放空后，关闭阀门 V07。

（16）卸渣清洗。

（17）调节阀门 V01 的开度，改变过滤压力，重复步骤（7）～（16）做几组平行实验。

（18）实验结束后，打开自来水阀门 V04。

（19）打开阀门 V02，对泵及滤浆进出口管进行冲洗。

（20）关闭阀门 V01。

2.3.5　实验结果及分析

（1）由恒压过滤实验数据绘制某恒定压差下 $\frac{\theta}{q}$-q 关系曲线，求出过滤常数 K、q_e、θ_e。

（2）由恒压洗涤实验数据求出洗涤速率，并与过滤结束时刻的过滤速率进行比较。

（3）比较几种压差下的 K、q_e、θ_e 值，讨论压差变化对以上参数数值的影响。

2.3.6 思考题

（1）滤饼过滤中，过滤介质常用多孔织物，其网孔尺寸和被截留的颗粒直径的大小关系如何？

（2）当过滤操作压力增大一倍时，K 值如何变化？

（3）深层过滤中，固体颗粒尺寸与介质空隙的大小关系如何？

（4）什么是不可压缩滤饼？

（5）助滤剂是什么形状的颗粒？

（6）板框过滤的推动力是什么？

（7）如果测量用的秒表偏慢，则将如何影响所测得的 K 值大小？

（8）若用本实验装置对清水过滤，则测得的曲线是怎样的？

（9）如果滤布没有清洗干净，则对所测得的 q_e 值有何影响？

（10）在板框过滤过程中，过滤阻力主要来自哪里？

（11）本实验中，液体在滤饼内细微孔道中的流动类型是什么？

（12）实验开始阶段得到的滤液通常浑浊，可能的原因是什么？

（13）一定压差下，滤液通过速率随过滤时间的延长有何变化？

（14）实验中需要保持压缩空气压力稳定的目的是什么？

（15）过滤介质阻力忽略不计，滤饼不可压缩进行恒速过滤，如滤液量增大一倍，则操作压差应如何变化？

（16）恒压过滤，如果介质阻力不计，过滤压差增大一倍时，同一过滤时刻所得的滤液量间的关系是什么？

（17）板框压滤机的构造是怎样的？

（18）什么是颗粒的沉降速度？

（19）什么是自由沉降？

2.4 蒸汽-空气系统传热实验3D仿真

2.4.1 实验目的

（1）通过对蒸汽-空气简单套管换热器的实验研究，掌握对流传热系数的测定方法，加深对其概念和影响因素的理解，并应用线性回归分析方法，确定关联式 $Nu = ARe^mPr^{0.4}$ 中常数 A、m 的值。

（2）通过对管程内部插有螺旋线圈和采用螺旋扁管为内管的蒸汽-空气强化套管换热器的实验研究，测定其特征数关联式 $Nu = BRe^m$ 中常数 B、m 的值和强化比 Nu/Nu_0，了解强化传热的基本理论和基本方式。

（3）了解套管换热器的管内压降 Δp 和 Nu 之间的关系。

2.4.2 实验原理

2.4.2.1 普通套管换热器传热系数及其特征数关联式的测定

（1）对流传热系数 α_i 的测定 对流传热系数 α_i 可以根据牛顿冷却定律，用实验来测定。计算公式为：

$$\alpha_i = \frac{Q_i}{S_i \Delta t_m} \tag{2-22}$$

式中　α_i——管内流体与固体壁面的对流传热系数，$W/(m^2 \cdot \text{℃})$；

$\quad$ Q_i——管内传热速率，W；

$\quad$ S_i——换热管管内传热面积，m^2；

Δt_m——内管壁面温度与内管流体温度的对数平均温差，℃。

平均温差由下式确定：

$$\Delta t_m = \frac{(t_w - t_2) - (t_w - t_1)}{\ln \dfrac{t_w - t_2}{t_w - t_1}} \tag{2-23}$$

式中　t_1——冷流体的进口温度，℃；

$\quad$ t_2——冷流体的出口温度，℃；

$\quad$ t_w——壁面平均温度，℃。

因为换热器内管为紫铜管，其热导率很大，且管壁很薄，故认为内壁温度、外壁温度和壁面平均温度近似相等，用 t_w 来表示。

管内换热面积：

$$S_i = \pi d_i l \tag{2-24}$$

式中　d_i——内管管内径，m；

$\quad$ l——传热管测量段的实际长度，m。

传热速率：

$$Q_i = W_i c_{pi}(t_2 - t_1) \tag{2-25}$$

式中　W_i——冷流体的质量流量，kg/s；

$\quad$ c_{pi}——冷流体的平均比定压热容，$J/(kg \cdot \text{℃})$。

冷流体的质量流量由下式求得：

$$W_i = V_i \rho_i \tag{2-26}$$

式中　V_i——冷流体在套管内的平均体积流量，m^3/s；

$\quad$ ρ_i——冷流体的密度，kg/m^3。

c_{pi} 和 ρ_i 可根据定性温度 t_m 查得，t_m $\left(t_m = \dfrac{t_1 + t_2}{2}\right)$ 为冷流体进出口平均温度。t_1、t_2、t_w、V_i 可采取一定的测量手段得到。

（2）对流传热系数特征数关联式的实验确定　流体在管内做强制湍流，处于被加热状态时，对流传热系数特征数关联式的形式为：

$$Nu = A Re^m Pr^n \tag{2-27}$$

式中　Nu——努塞尔数，$Nu = \dfrac{\alpha d}{\lambda}$，量纲为 1；

$\quad$ Re——雷诺数，$Re = \dfrac{du\rho}{\mu}$，量纲为 1；

$\quad$ Pr——普朗特数，$Pr = \dfrac{c_p \mu}{\lambda}$，量纲为 1；

A、m、n——常数，流体被加热时 $n=0.4$，流体被冷却时 $n=0.3$；

    α——流体与固体壁面的对流传热系数，$W/(m^2\cdot\text{℃})$；

    d——换热管内径，m；

    λ——流体的热导率，$W/(m\cdot\text{℃})$；

    u——流体在管内流动的平均速度，m/s；

    ρ——流体的密度，kg/m^3；

    μ——流体的黏度，$Pa\cdot s$；

    c_p——流体的比定压热容，$J/(kg\cdot\text{℃})$。

物性数据 λ、μ 可根据定性温度 t_m 查得。

经过计算可知，对于管内被加热的空气，普朗特数 Pr 的指数 n 变化不大，可以认为是常数，则关联式的形式简化为：

$$Nu = ARe^m Pr^{0.4} \qquad (2-28)$$

通过实验，确定不同流量下的 Re 与 Nu，然后用线性回归方法确定 A 和 m 的值。

2.4.2.2 强化套管换热器传热系数及其特征数关联式与强化比的测定

强化传热被学术界称为第二代传热技术，它能减小初设计的传热面积，以减小换热器的体积和重量，提高现有换热器的换热能力，使换热器能在较低温差下工作，并且能够减小换热器的阻力以减少换热器的动力消耗，更有效地利用能源和资金。强化传热的方法有多种，本实验装置是采用在换热器内管插入螺旋线圈的方法来强化传热。

螺旋线圈的结构如图 2-10 所示，螺旋线圈由直径 3mm 以下的铜丝和钢丝按一定节距绕成。将金属螺旋线圈插入并固定在管内，即可构成一种强化传热管。在近壁区域，流体一边受到螺旋线圈的作用而发生旋转，一边还周期性地受到螺旋线圈金属丝的扰动，因而可以使传热强化。由于绕制线圈的金属丝直径很细，流体旋流强度也较弱，所以阻力较小，有利于节省能源。螺旋线圈以线圈节距 H 与管内径 d

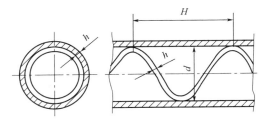

图 2-10　螺旋线圈强化管内部结构

的比值为主要技术参数，且节距与管内径比是影响传热效果和阻力系数的重要因素。科学家通过实验研究总结了形式为 $Nu=BRe^m$ 的经验公式，其中 B 和 m 的值因螺旋金属丝尺寸不同而不同。

在本实验中，采用 2.4.2.1 中的实验方法确定不同流量下的 Re 与 Nu，用线性回归方法可确定 B 和 m 的值。

单纯研究强化手段的强化效果（不考虑阻力的影响），可以用强化比的概念作为评判准则，它的形式是 Nu/Nu_0，其中 Nu 是强化管的努塞尔数，Nu_0 是普通管的努塞尔数。显然，强化比 $Nu/Nu_0 > 1$，而且它的值越大，强化效果越好。需要说明的是，如果评判强化方式的真正效果和经济效益，则必须考虑阻力因素，阻力系数随着换热系数的增加而增加，从而导致换热性能的降低和能耗的增加，只有强化比高且阻力系数小的强化方式，才是最佳的强化方法。

2.4.3 软件运行界面

3D场景仿真系统运行界面见图2-11，实验操作简介界面见图2-12。

图2-11　3D场景仿真系统运行界面

图2-12　实验操作简介界面

操作者主要在3D场景仿真界面中进行操作，根据任务提示进行操作；实验操作简介界面可以查看软件特点介绍、实验原理简介、视野调整简介、移动方式简介和设备操作简介；评分界面（图2-13）可以查看实验任务的完成情况及得分情况。

2.4.4 仿真实验步骤

2.4.4.1 实验准备

（1）设定实验参数1：设置普通套管长度及半径。

图 2-13 操作质量评分系统运行界面

（2）设定实验参数 2：设置强化套管长度及半径。

（3）设定实验参数 3：设置蒸汽温度。

（4）设定实验参数完成后，记录数据。

（5）打开注水阀 VA102，向蒸汽发生器加水。待蒸汽发生器内的液位上升到 2/3 左右高度，关闭注水阀 VA102。

（6）检查空气流量旁路调节阀 VA106 是否全开。

（7）检查普通管空气支路控制阀 VA107 是否打开。

（8）打开连通阀 VA101，使水槽与蒸汽发生器相通。

（9）检查普通管蒸汽支路控制阀 VA104 是否打开。

2.4.4.2 普通管实验

（1）启动总电源。

（2）启动蒸汽发生器电源，开始加热。

（3）待普通管蒸汽排出口有恒量蒸汽排出，标志实验可以开始。

（4）启动风机电源。

（5）调节阀 VA106 开度，调节流量所需值，待稳定后，记录数据。

（6）重复进行步骤（5），流量从小到大（或从大到小），总共记录 6 组数据。注意空气最小流量和最大流量一定要做。

2.4.4.3 强化管实验

（1）打开强化管蒸汽支路控制阀 VA105。

（2）关闭普通管蒸汽支路控制阀 VA104。

（3）待强化套管蒸汽排出口有恒量蒸汽排出，标志实验可以开始。

（4）打开强化管空气支路控制阀 VA108。

（5）关闭普通管空气支路控制阀 VA107。

（6）调节阀 VA106 开度，调节流量所需值，待稳定后，记录数据。

（7）重复进行步骤（6），流量从小到大（或从大到小），总共记录 6 组数据。

2.4.4.4 实验结束

（1）关停蒸汽发生器电源。

（2）关停风机电源。

（3）全开空气流量旁路调节阀 VA106。

（4）关停总电源。

2.4.5 实验结果及分析

（1）冷流体对流传热系数的特征数式为 $Nu = ARe^m Pr^{0.4}$，由实验数据在双对数坐标纸上以 Re 为横坐标、$Nu/Pr^{0.4}$ 为纵坐标作图，拟合方程，确定式中常数 A 及 m。与教材中经验式 $Nu = 0.023Re^{0.8}Pr^{0.4}$ 比较，计算实验误差。

（2）由实验数据拟合强化管的特征数关联式 $Nu = BRe^m$ 中常数 B、m 的值，并计算强化比 Nu/Nu_0。

2.4.6 思考题

（1）导热、对流、复合传热三种传热方式，哪种不需要有物体的宏观运动？

（2）太阳与地球间的热量传递属于哪种传热方式？

（3）传热的基本形式有哪些？

（4）两流体热交换的方式有哪些？

（5）本实验中，管壁温度接近蒸汽温度还是空气温度？

（6）当空气流量增大时，壁温如何变化？

（7）确定空气物性参数的定性温度是什么？

（8）管内介质的流速对传热系数有何影响？

（9）蒸汽压力 p 的变化，对传热系数关联式有无影响？

（10）改变管内介质的流动方向，总传热系数 K 将如何变化？

（11）如果在水冷壁的管子里结了一层水垢，其他条件不变，管壁温度与无水垢时相比将有何变化？

（12）在稳态传热过程中，传热温差一定，如果希望系统传热量增大，则可以采取哪些措施？

（13）物体之间发生热传导的动力是什么？

（14）水、空气、水蒸气、冰块，哪种物质具有较大的热导率？

（15）气体的热导率一般随温度的升高发生怎样的变化？

2.5 精馏实验3D仿真

2.5.1 实验目的

（1）充分利用计算机采集和控制系统具有的快速、大容量和实时处理的特点，进行精馏过程多实验方案的设计，并进行实验验证，得出实验结论，以掌握实验研究的方法。

(2) 学会识别精馏塔内出现的几种操作状态，并分析这些操作状态对塔性能的影响。

(3) 学习精馏塔性能参数的测量方法，并掌握其影响因素。

(4) 测定精馏过程的动态特性，提高学生对精馏过程的认识。

2.5.2 实验原理

在板式精馏塔中，由塔釜产生的蒸汽沿塔板逐板上升，与来自塔顶冷凝器沿塔板逐板下降的回流液在塔板上实现多次接触，进行传热与传质，使混合液达到一定程度的分离。

回流是精馏操作得以实现的基础。塔顶的回流量与采出量之比，称为回流比。回流比是精馏操作的重要参数之一，其大小影响着精馏操作的分离效果和能耗。回流比存在两种极限情况：最小回流比和全回流。若塔在最小回流比下操作，要完成分离任务，则需要有无穷多块塔板的精馏塔。当然，这不符合工业实际，所以最小回流比只是一个操作限度。若操作处于全回流时，既无任何产品采出，又无原料加入，塔顶的冷凝液全部返回塔内，这在生产中无实际意义。但是，由于此时所需理论塔板数最少，又易于达到稳定，故常在工业装置的开停车、排除故障及科学研究时使用。

实际回流比常取最小回流比的 1.2~2.0 倍。在精馏操作中，若回流系统出现故障，操作情况会急剧恶化，分离效果也会变坏。

对于二元物系，如已知其汽液平衡数据，则根据精馏塔的原料液组成、进料热状况、操作回流比、塔顶馏出液组成、塔底釜液组成可以求出该塔的理论板数 N_T，再按照式(2-29)可以得到总板效率 E_T：

$$E_T = \frac{N_T - 1}{N_p} \times 100\% \tag{2-29}$$

式中 N_T——完成一定分离任务所需的理论塔板数，包括塔底再沸器；

N_p——完成一定分离任务所需的实际塔板数。

若精馏在全回流下操作，即无原料加入、无产品采出，则此时操作线在 y-x 图上为对角线，如图 2-14 所示，根据塔顶、塔釜的组成在对角线和平衡线间作梯级，即可得到理论塔板数。

若精馏在部分回流下操作，则需先画出精馏段和提馏段的操作线，然后在操作线和平衡线间作梯级求得理论塔板数，如图 2-15 所示。其中，操作线的作图步骤为：

(1) 在对角线上定点 $a(x_D, x_D)$、$b(x_W, x_W)$、$f(x_F, x_F)$；

(2) 在 y 轴上定出点 $c[0, x_D/(R+1)]$，连接点 a、c 即得精馏段操作线；

(3) 由进料热状况求出 q 线的斜率 $q/(q-1)$，过点 f 根据斜率作出 q 线，交精馏段操作线于点 d；

(4) 连接点 d、b，作出提馏段操作线。

部分回流时，进料热状况参数的计算式为：

$$q = \frac{c_{pm}(t_{BF} - t_F) + r_m}{r_m} \tag{2-30}$$

式中　t_F——进料温度，℃；

t_{BF}——进料的泡点温度，℃；

c_{pm}——进料液体在平均温度（$t_{BF}+t_F$）/2 下的比定压热容，J/(mol·℃)；

r_m——进料液体在其组成和泡点温度下的汽化潜热，J/mol。

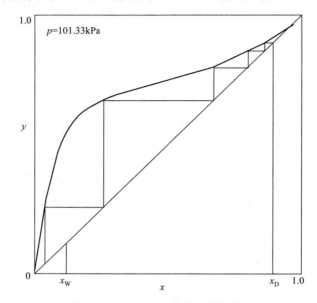

图 2-14　全回流时理论板数的确定

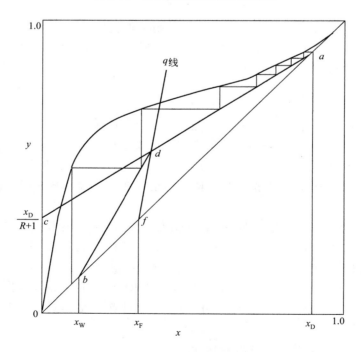

图 2-15　部分回流时理论板数的确定

$$c_{pm}=c_{p1}x_1+c_{p2}x_2 \qquad (2-31)$$

$$r_m=r_1x_1+r_2x_2 \qquad (2-32)$$

式中 c_{p1}、c_{p2}——纯组分 1 和组分 2 在平均温度下的比定压热容，J/(mol·℃)；

r_1、r_2——纯组分 1 和组分 2 在泡点温度下的汽化潜热，J/mol；

x_1、x_2——纯组分 1 和组分 2 在进料中的摩尔分数。

2.5.3 软件运行界面

3D 场景仿真系统运行界面见图 2-16，实验操作简介界面见图 2-17。

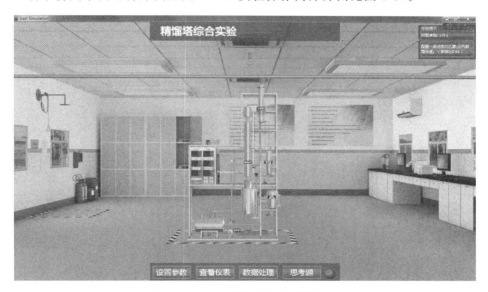

图 2-16 3D 场景仿真系统运行界面

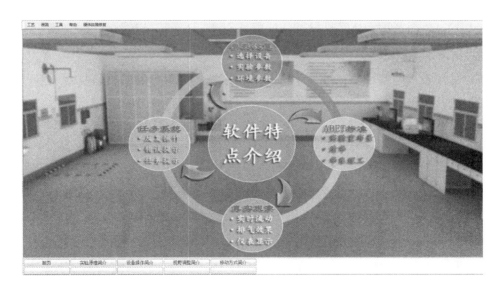

图 2-17 实验操作简介界面

操作者主要在 3D 场景仿真界面中进行操作，根据任务提示进行操作；实验操作简介界面可以查看软件特点介绍、实验原理简介、视野调整简介、移动方式简介和设备操作简介；评分界面（图 2-18）可以查看实验任务的完成情况及得分情况。

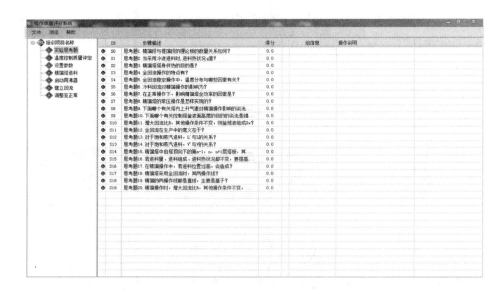

图 2-18　操作质量评分系统运行界面

2.5.4　仿真实验步骤

2.5.4.1　设置参数

（1）设置精馏段塔板数（默认 5）。

（2）设置提馏段塔板数（默认 3）。

（3）配制一定浓度的乙醇/正丙醇混合液（推荐比 0.66）。

（4）设置进料罐的一次性进料量（推荐量 2L）。

2.5.4.2　精馏塔进料

（1）连续点击"进料"按钮，进料罐开始进料，直到罐内液位达到 70% 以上。

（2）打开总电源开关。

（3）打开进料泵 P101 的电源开关，启动进料泵。

（4）在"查看仪表"中设定进料泵功率，将进料流量控制器的 OP 值设为 50%。

（5）打开进料阀门 V106，开始进料。

（6）在"查看仪表"中设定预热器功率，将进料温度控制器的 OP 值设为 60%，开始加热。

（7）打开塔釜液位控制器，控制液位在 70%～80% 之间。

2.5.4.3　建立回流

（1）打开回流比控制器电源。

（2）在"查看仪表"中打开回流比控制器，将回流值设为 20。

（3）将采出值设为 5，即回流比控制在 4。

（4）在"查看仪表"中将塔釜温度控制器的 OP 值设为 60%，加大蒸出量。

（5）将塔釜液位控制器的 OP 值设为 10% 左右，控制塔釜液位在 50% 左右。

2.5.4.4 启动再沸器

（1）打开阀门 PE103，向塔顶冷凝器内通入冷却水。

（2）打开塔釜加热电源开关。

（3）设定塔釜加热功率，将塔釜温度控制器的 OP 值设为 50%。

2.5.4.5 调整至正常

（1）进料温度稳定在 95.3℃ 左右时，将控制器投自动，将 SP 值设为 95.3℃。

（2）塔釜液位稳定在 50% 左右时，将控制器投自动，将 SP 值设为 50%。

（3）塔釜温度稳定在 90.5℃ 左右时，将控制器投自动，将 SP 值设为 90.5℃。

（4）保持稳定操作几分钟，取样记录，分析组分组成。

2.5.5 实验结果及分析

（1）根据实验原始数据，用图解法计算实验操作条件下的理论板数，并计算全塔效率。

（2）将实验结果与经验值作比较分析，分析可能的误差来源。

2.5.6 思考题

（1）精馏段与提馏段的理论板的数量关系如何？

（2）当采用冷液进料时，进料热状况参数 q 值的范围是什么？

（3）精馏塔塔身伴热的目的是什么？

（4）全回流操作有什么特点？

（5）全回流稳定操作中，温度分布与哪些因素有关？

（6）冷料回流对精馏操作塔顶组成 x_D、温度 t 有何影响？

（7）在正常操作下，影响精馏塔全塔效率的因素是什么？

（8）精馏塔的常压操作是怎样实现的？

（9）塔内上升气速过大，对精馏操作有何影响？

（10）增大回流比 R，其他操作条件不变，则釜残液组成 x_W 将如何变化？

（11）全回流在生产中有何意义？

（12）对于饱和蒸汽进料，L' 与 L 的大小关系如何？

（13）对于饱和蒸汽进料，V' 与 V 的关系如何？

（14）精馏塔中由塔顶向下的第 $n-1$、n、$n+1$ 层塔板，其气相组成 y_{n-1}、y_n、y_{n+1} 的大小关系是什么？

（15）若进料量、进料组成、进料热状况都不变，要提高塔顶馏出液组成 x_D 可采取什么措施？

（16）在精馏操作中，若进料位置过高，会造成什么结果？

（17）精馏的两操作线都是直线，主要是基于什么原因？

（18）精馏操作时，增大回流比 R，其他操作条件不变，则馏出液组成 x_D 会怎样？

2.6 二氧化碳-水吸收实验3D仿真

2.6.1 实验目的

（1）了解填料吸收塔的结构和流体力学性能。
（2）学习填料吸收塔传质能力和传质效率的测定方法。

2.6.2 实验原理

2.6.2.1 气体通过填料层的压力降

压力降是塔设计中的重要参数，气体通过填料层压力降的大小决定了塔的动力消耗。压力降与气液流量有关，不同喷淋量下的填料层的压力降 Δp 与气速 u 的关系如图 2-19 所示。

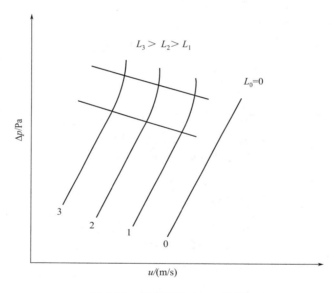

图 2-19　填料层的 Δp-u 关系

当无液体喷淋，即喷淋量 $L_0 = 0$ 时，干填料的 Δp-u 的关系是直线，如图 2-19 中的直线 0 所示。当有一定的喷淋量时，Δp-u 的关系变成折线，并存在两个转折点，下转折点称为"载点"，上转折点称为"泛点"。这两个转折点将 Δp-u 关系分为三个区段：恒持液量区、载液区与液泛区。

恒持液量区：当气速较小时，湿填料的 Δp-u 关系线在干填料线的左上方（由于湿填料层内所持液体占据一定空间，气体的真实速度提高，压力降增大），且几乎与干填料线平行。

载液区：当气速增大到某一数值时，由于上升气流与下降液体间的摩擦力开始阻碍液体的顺利下降，使填料层内的持液量随气速的增大而增加，此种现象称为拦液现象，开始发生拦液现象时的空塔气速称为载点气速，超过载点气速后的 Δp-u 关系线的斜率大于 2。

液泛区：当气速进入载液区而持续增大时，则填料层内的持液量不断增多，而最终充满整个填料层间隙，在填料层内及顶部出现鼓泡，液体被气流大量带出塔顶，塔的操作极为不稳定，正常操作被破坏，此种现象称为填料塔的液泛现象。开始发生液泛现象时的空塔气速称为液泛气速或泛点气速，是填料塔正常操作气速的上限，超过泛点气速后的压力降几乎是垂直上升，其 $\Delta p\text{-}u$ 关系线的斜率大于 10。

上述 $\Delta p\text{-}u$ 关系线的转折点——载点和泛点，为填料塔选择适当操作条件提供了依据。填料塔的设计应保证在空塔气速低于泛点气速下操作，如果要求压力降很稳定，则宜在载点气速下工作。由于载点气速难以准确地测定，通常取操作空塔气速为泛点气速的 $50\%\sim80\%$ 作为设计气速。

空塔气速 u 可由下式计算：

$$u=\frac{V_s}{3600\Omega} \tag{2-33}$$

$$\Omega=\frac{\pi}{4}D^2$$

式中　Ω——填料塔截面积，m^2；

　　　　D——塔径，m；

　　　　V_s——操作条件下空气的体积流量，m^3/s。

2.6.2.2　传质性能

吸收系数是决定吸收过程速率高低的重要参数，而实验测定是获取吸收系数的根本途径。对于相同的物系及一定的设备（填料类型与尺寸），吸收系数将随着操作条件及气液接触状况的不同而变化。

根据双膜模型的基本假设，气相侧和液相侧的吸收质 A 的传质速率方程可分别表达为：

气膜　　　　　　　　$$N_A=k_G(p_A-p_{Ai}) \tag{2-34}$$

液膜　　　　　　　　$$N_A=k_L(c_{Ai}-c_A) \tag{2-35}$$

式中　N_A——A 组分的传质通量，$mol/(m^2\cdot s)$；

　　　　p_A——气相侧 A 组分的平均分压，Pa；

　　　　p_{Ai}——相界面上 A 组分的平均分压，Pa；

　　　　c_A——液相侧 A 组分的平均摩尔浓度，mol/m^3；

　　　　c_{Ai}——相界面上 A 组分的摩尔浓度，mol/m^3；

　　　　k_G——以分压表达推动力的气膜传质系数，$mol/(m^2\cdot s\cdot Pa)$；

　　　　k_L——以物质的量浓度差表达推动力的液膜传质系数，m/s。

双膜理论模型的浓度分布图见图 2-20。

以气相分压或以液相浓度表示传质过程推动力的相际传质速率方程又可分别表达为：

$$N_A=K_G(p_A-p_A^*) \tag{2-36}$$

$$N_A=K_L(c_A^*-c_A) \tag{2-37}$$

式中　p_A^*——与液相中 A 组分的实际浓度成平衡的气相分压，Pa；

　　　　c_A^*——与气相中 A 组分的实际分压成平衡的液相浓度，mol/m^3；

K_G——以气相分压表示推动力的总传质系数，或简称为气相总传质系数，$mol/(m^2 \cdot s \cdot Pa)$；

K_L——以液相物质的量浓度差表示推动力的总传质系数，或简称为液相总传质系数，m/s。

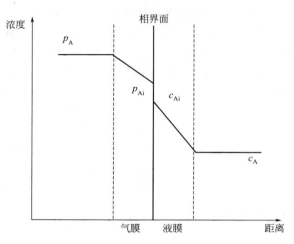

图 2-20　双膜理论模型的浓度分布图

若气液相平衡关系遵循亨利定律 $p_A^* = \dfrac{c_A}{H}$，则有：

$$\frac{1}{K_G} = \frac{1}{k_G} + \frac{1}{Hk_L} \tag{2-38}$$

$$\frac{1}{K_L} = \frac{H}{k_G} + \frac{1}{k_L} \tag{2-39}$$

当气膜阻力远大于液膜阻力时，则相际传质过程速率受气膜传质速率控制，此时，$K_G \approx k_G$；反之，当液膜阻力远大于气膜阻力时，则相际传质过程速率受液膜传质速率控制，此时，$K_L \approx k_L$。

在吸收计算中，当溶质组成较低时，通常以摩尔比表示组成较为方便。气液相摩尔比分别以 Y_A、X_A 表示，对应的总传质系数分别为 K_Y、K_X。

当吸收过程所涉及的浓度范围内相平衡关系为直线时，以 ΔX 为推动力的液相总体积传质系数 $K_X a$ 可根据填料层高度 Z 的计算式计算：

$$Z = H_{OL} N_{OL} \tag{2-40}$$

式中　H_{OL}——液相总传质单元高度，m；

N_{OL}——液相总传质单元数，量纲为 1。

液相总传质单元高度与液相总体积传质系数 $K_X a$ 的关系为：

$$H_{OL} = \frac{L}{K_X a \Omega} \tag{2-41}$$

式中，L 为通过塔截面液体的摩尔流量，mol/s。

液相总传质单元数可用平均推动力法计算，即

$$N_{OL} = \frac{X_1 - X_2}{\Delta X_m} \tag{2-42}$$

$$\Delta X_{\mathrm{m}} = \frac{(X_1^* - X_1) - (X_2^* - X_2)}{\ln \dfrac{X_1^* - X_1}{X_2^* - X_2}} \tag{2-43}$$

$$X_1^* = Y_1/m \tag{2-44}$$

$$X_2^* = Y_2/m \tag{2-45}$$

式中 X_1、X_2——塔底和塔顶液相中溶质的摩尔比组成，量纲为 1，由实验测定；

$\quad\quad \Delta X_{\mathrm{m}}$——液相平均推动力；

$\quad X_1^*$、X_2^*——与塔底和塔顶气相成平衡的液相中溶质的摩尔比组成，由亨利定律得到；

$\quad\quad Y_1$、Y_2——塔底和塔顶气相中溶质摩尔比组成，量纲为 1，由实验测定；

$\quad\quad m$——相平衡常数，$m = E/p$，量纲为 1；

$\quad\quad E$——亨利系数，$E = f(t)$，根据液相温度 t 由资料查得，Pa；

$\quad\quad p$——吸收操作压力，Pa。

本实验采用纯水吸收二氧化碳，该物系不仅遵循亨利定律，而且气膜阻力较小可以忽略不计，在此情况下，整个传质过程阻力都集中于液膜，即属于液膜控制过程，则液膜体积传质系数等于液相总体积传质系数，亦即

$$k_X a = K_X a = c K_{\mathrm{L}} a = c k_{\mathrm{L}} a \tag{2-46}$$

式中，c 为液相总浓度，$\mathrm{mol/m^3}$。

2.6.3 软件运行界面

3D 仿真系统运行界面见图 2-21，实验操作简介界面见图 2-22。

图 2-21 3D 场景仿真系统运行界面

操作者主要在 3D 场景仿真界面中进行操作，根据任务提示进行操作；实验操作简介界面可以查看软件特点介绍、实验原理简介、视野调整简介、移动方式简介和设备操作简介；评分界面（图 2-23）可以查看实验任务的完成情况及得分情况。

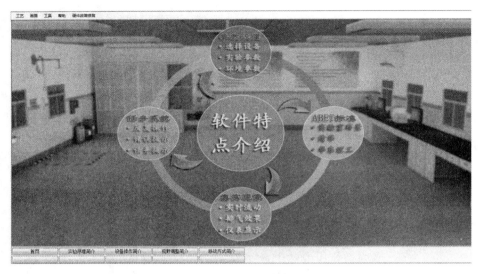

图 2-22　实验操作简介界面

图 2-23　操作质量评分系统运行界面

2.6.4　仿真实验步骤

2.6.4.1　开车准备

（1）点击"设置参数"，第三页，设置环境温度。

（2）设置中和用氢氧化钡浓度。

（3）设置中和用氢氧化钡体积。

（4）设置滴定用盐酸浓度。

（5）设置样品体积。

（6）第一页，设置吸收塔的塔径。

（7）第一页，设置吸收塔的填料高度。

（8）第一页，设置吸收塔的填料种类。

（9）吸收塔填料参数设置完成后点击"记录数据"。

（10）第二页，设置解吸塔的塔径。

（11）第二页，设置解吸塔的填料高度。

（12）第二页，设置解吸塔的填料种类。

（13）解吸塔填料参数设置完成后点击"记录数据"。

2.6.4.2　流体力学性能实验——干塔实验

（1）打开总电源开关。

（2）打开风机P101开关。

（3）全开阀门VA101。

（4）全开阀门VA102。

（5）全开阀门VA110。

（6）减小阀门VA101的开度，在"查看仪表"第二页，记录数据。

（7）逐步减小阀门VA101的开度，调节流量，记录至少6组数据。

2.6.4.3　流体力学性能实验——湿塔实验

（1）打开加水开关，待水位到达50%，关闭加水开关。

（2）启动水泵P102。

（3）全开阀门VA101。

（4）全开阀门VA109，调节水的流量到60L/h。

（5）全开阀门VA105。

（6）减小阀门VA101开度，在"查看仪表"第二页，记录数据。

（7）逐步减小阀门VA101的开度，调节流量，记录至少6组数据。

2.6.4.4　吸收传质实验

（1）打开CO_2钢瓶阀门VA001。

（2）打开阀门VA107。

（3）调节减压阀VA002开度，控制CO_2流量。

（4）启动水泵P103。

（5）打开阀门VA108。

（6）关闭阀门VA105。

（7）待稳定后，打开取样阀VA1取样分析。

（8）待稳定后，打开取样阀VA2取样分析。

（9）待稳定后，打开取样阀VA3取样分析。

（10）点击"查看仪表"，第三页，记录数据。

2.6.4.5　停止实验

（1）关闭CO_2钢瓶阀门VA001。

（2）关停水泵P102。

（3）关停水泵 P103。

（4）关停风机。

（5）关闭总电源。

2.6.5 实验结果及分析

（1）根据实验结果，在双对数坐标纸上标绘填料塔流体力学性能图 Δp-u。

（2）计算用水吸收二氧化碳的体积传质系数。

2.6.6 思考题

（1）什么是喷淋密度？

（2）为测取压力降-气速曲线需测哪些数据？

（3）H_{OG} 有什么物理意义？

（4）气体流速 u 增大对 K_Ya 有何影响？

（5）从实验数据分析水吸收二氧化碳是液膜控制，还是气膜控制？

（6）在选择吸收塔用的填料时，应选比表面积大的填料还是比表面积小的填料？

（7）若没有达到稳定状态就测数据，对结果有何影响？

（8）采样是否同时进行？

（9）填料塔压降 Δp 与气速 u 和喷淋量 L 有何关系？

（10）温度和压力对吸收有何影响？

（11）本实验中，为什么塔底要有液封？

（12）本吸收实验中，空气是由什么设备来输送的？

（13）测定传质系数 K_Xa 有何意义？

（14）传质单元数有何物理意义？

（15）测定压力降-气速曲线的意义是什么？

（16）本实验中，影响吸收操作稳定性的因素有哪些？

2.7 萃取塔实验3D仿真

2.7.1 实验目的

（1）了解脉冲填料萃取塔的结构。

（2）掌握填料萃取塔的性能测定方法。

（3）掌握萃取塔传质效率的强化方法。

2.7.2 实验原理

填料萃取塔是石油炼制、化学工业和环境保护中广泛应用的一种萃取设备，具有结构简单、便于安装和制造等特点。塔内的填料可以使分散相液滴不断破碎和聚合，以使液滴表面不断更新，还可以减少连续相的轴向混合。本实验采用连续通入压缩空气向填料塔内提供外加能量，增加液体湍动，强化传质。在普通填料萃取塔内，两相依靠密度差而逆相流动，相对密度较小，界面湍动程度低，限制了传质速率的进一步提高。为了防止分散相液滴过多聚结，增加塔内流动的湍动程度，可采用连续通入或断续通入压缩空气（脉冲方式）向填料塔提供外加能量，以增加液体湍动程度。但湍动太厉害，会导致液液两相乳化，难以分离。

萃取塔的分离效率可以用传质单元高度 H_{OE} 和理论级当量高度 h_e 来表示，影响脉冲填料萃取塔分离效率的因素主要有：填料的种类、轻重两相的流量以及脉冲强度等。对一定的实验设备，在两相流量固定条件下，脉冲强度增加，传质单元高度降低，塔的分离能力增加。

本实验以水为萃取剂，从煤油中萃取苯甲酸，苯甲酸在煤油中的浓度约为 0.2%（质量分数）。水相为萃取相（用字母 E 表示，在本实验中又称连续相、重相），煤油相为萃余相（用字母 R 表示，在本实验中又称分散相）。在萃取过程中，苯甲酸部分地从萃余相转移至萃取相。萃取相及萃余相的进出口浓度由容量分析法测定。考虑水与煤油是完全不互溶的，且苯甲酸在两相中的浓度都很低，可认为在萃取过程中两相液体的体积流量不发生变化。

按萃取相计算的传质单元数 N_{OE} 为：

$$N_{OE} = \int_{Y_{Et}}^{Y_{Eb}} \frac{dY_E}{Y_E^* - Y_E} \tag{2-47}$$

式中　Y_{Et}——苯甲酸在进入塔顶的萃取相中的质量比组成，本实验中 $Y_{Et}=0$，kg 苯甲酸/kg 水；

　　　Y_{Eb}——苯甲酸在离开塔底萃取相中的质量比组成，kg 苯甲酸/kg 水；

　　　Y_E——苯甲酸在塔内某一高度处萃取相中的质量比组成，kg 苯甲酸/kg 水；

　　　Y_E^*——与苯甲酸在塔内某一高度处萃余相组成 X_R 成平衡的萃取相中的质量比组成，kg 苯甲酸/kg 水。

用 Y_E-X_R 图上的分配曲线（平衡曲线）与操作线可求得 $\frac{1}{Y_E^* - Y_E}$-Y_E 的关系，再进行图解积分或用辛普森积分可求得 N_{OE}。

按萃取相计算的传质单元高度 H_{OE}：

$$H_{OE} = \frac{H}{N_{OE}} \tag{2-48}$$

式中　H——萃取塔的有效高度，m；

　　　H_{OE}——按萃取相计算的传质单元高度，m。

按萃取相计算的总体积传质系数：

$$K_{Y_E}a = \frac{S}{H_{OE}\Omega} \tag{2-49}$$

式中　S——萃取相中纯溶剂的流量，kg 水/s；

　　　Ω——萃取塔截面积，m²；

　　　$K_{Y_E}a$——按萃取相计算的总体积传质系数，kg 水/(m³·s)。

2.7.3　软件运行界面

3D 场景仿真系统运行界面见图 2-24，实验操作简介界面见图 2-25。

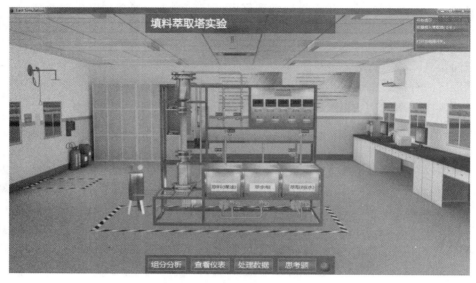

图 2-24　3D 场景仿真系统运行界面

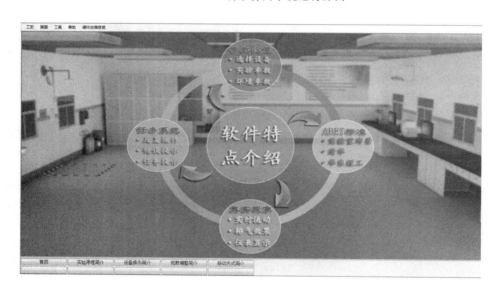

图 2-25　实验操作简介界面

　　操作者主要在 3D 场景仿真界面中进行操作，根据任务提示进行操作；实验操作简介界面可以查看软件特点介绍、实验原理简介、视野调整简介、移动方式简介和设备操作简介；评分界面（图 2-26）可以查看实验任务的完成情况及得分情况。

2.7.4　仿真实验步骤

2.7.4.1　引重相入萃取塔

　　（1）打开总电源开关。

　　（2）打开重相加料阀 KV04 加料，待重相液位涨到 75%～90% 之间后，关闭重相加料阀 KV04。

图 2-26　操作质量评分系统运行界面

（3）打开底阀 KV01。

（4）打开水泵 P101 的电源开关。

（5）全开水流量调节阀 MV01，以最大流量将重相打入萃取塔。

（6）将水流量调节到接近指定值（6L/h）。

2.7.4.2　引轻相入萃取塔

（1）打开轻相加料阀 KV05 加料，待轻相液位升到 75％～90％之间后，关闭轻相加料阀 KV05。

（2）打开底阀 KV02。

（3）打开煤油泵 P102 的电源开关。

（4）打开煤油流量调节阀 MV03，将煤油流量调节到接近 9L/h。

2.7.4.3　调整至平衡后取样分析

（1）打开压缩机电源开关。

（2）点击查看仪表，在脉冲频率调节器上设定脉冲频率。

（3）待重相轻相流量稳定、萃取塔上罐界面液位稳定后，在组分分析面板上取样分析。

（4）塔顶重相栏中选择取样体积，点击分析按钮，分析 NaOH 的消耗体积和重相进料中的苯甲酸组成。

（5）塔底轻相栏中选择取样体积，点击分析按钮，分析 NaOH 的消耗体积和轻相进料中的苯甲酸组成。

（6）塔底重相栏中选择取样体积，点击分析按钮，分析 NaOH 的消耗体积和萃取相中的苯甲酸组成。

（7）塔顶轻相栏中选择取样体积，点击分析按钮，分析 NaOH 的消耗体积和萃余相中的苯甲酸组成。

2.7.5　实验结果及分析

计算萃取效率、总体积传质系数，并对实验结果进行分析讨论。

2.7.6　思考题

（1）萃取操作所依据的原理是什么？
（2）萃取操作后的富溶剂相称为什么？
（3）油脂工业上，最常用来提取大豆油、花生油等的沥取装置是什么？
（4）萃取液与萃余液的密度差大，对萃取效果有何影响？
（5）将植物种子的籽油提取，最经济的方法是什么？
（6）分配系数对萃取操作有什么影响？
（7）选择萃取剂有哪些原则？
（8）在萃取分离达到平衡时溶质在两相中的浓度比，称为什么？
（9）将具有热敏性的液体混合物加以分离，常采用何种方法？
（10）温度对萃取操作的影响是什么？
（11）萃取的目的是什么？
（12）萃取设备按两相的接触方式分类，可分成哪几类？
（13）在液-液萃取操作过程中，外加能量是否越大越有利？
（14）萃取的原理是什么？
（15）请比较萃取实验装置与吸收、精馏实验装置的不同点。

2.8　干燥特性曲线测定3D仿真

2.8.1　实验目的

（1）熟悉洞道式干燥器的构造和操作。
（2）测定在恒定干燥条件下的湿物料干燥曲线和干燥速率曲线。

2.8.2　实验原理

将湿物料置于一定的干燥条件下，测定被干燥物料的质量和温度随时间变化的关系，可得到物料含水量 X 与时间 τ 的关系曲线及物料温度 θ 与时间 τ 的关系曲线。物料含水量与时间关系曲线的斜率即为干燥速率 U。将干燥速率对物料含水量作图，即为干燥速率曲线。

干燥曲线见图 2-27，干燥速率曲线见图 2-28。

如图 2-27 及图 2-28 所示，干燥过程可分为以下三个阶段：

（1）物料预热阶段（AB 段）　在开始干燥时，有一较短的预热阶段，空气中部分热量用来加热物料，物料含水量随时间变化不大。

（2）恒速干燥阶段（BC 段）　由于物料表面存在自由水分，物料表面温度等于空气的湿球温度，传入的热量只用来蒸发物料表面的水分，物料含水量随时间成比例减

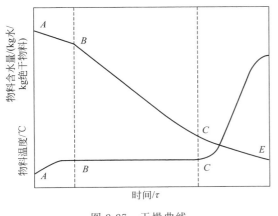

图 2-27　干燥曲线　　　　　　　　图 2-28　干燥速率曲线

少，干燥速率恒定且最大。

（3）降速干燥阶段（*CDE* 段）　物料含水量减少到某一临界含水量 X_C，由于物料内部水分的扩散慢于物料表面的蒸发，不足以维持物料表面保持湿润，而形成干区，干燥速率开始降低，物料温度逐渐上升。物料含水量越小，干燥速率越慢，直至达到平衡含水量 X^* 而终止。

干燥速率为单位时间在单位面积上汽化的水分量，用微分式表示为：

$$U = \frac{\mathrm{d}W}{A\,\mathrm{d}\tau} \tag{2-50}$$

式中　U——干燥速率，kg 水/（m^2·s）；

A——干燥表面积，m^2；

$\mathrm{d}\tau$——相应的干燥时间，s；

$\mathrm{d}W$——汽化的水分量，kg。

图 2-28 中的横坐标 X 为对应于某干燥速率下的物料平均含水量：

$$\overline{X} = \frac{X_i + X_{i+1}}{2} \tag{2-51}$$

式中　$\overline{X}$——某一干燥速率下湿物料的平均含水量；

X_i、X_{i+1}——$\Delta\tau$ 时间间隔内开始和终了时的含水量，kg 水/kg 绝干物料。

$$X_i = \frac{G_{si} - G_{ci}}{G_{ci}} \tag{2-52}$$

式中　G_{si}——第 i 时刻取出的湿物料的质量，kg；

G_{ci}——第 i 时刻取出的物料的绝干质量，kg。

干燥速率曲线只能通过实验测定，因为干燥速率不仅取决于空气的性质和操作条件，而且还受物料性质结构及含水量的影响。本实验装置为间歇操作的沸腾床干燥器，可测定满足一定干燥要求所需的时间，为工业上连续操作的流化床干燥器提供相应的设计参数。

2.8.3　软件运行界面

3D 场景仿真系统运行界面见图 2-29，实验操作简介界面见图 2-30。

图 2-29 3D 场景仿真系统运行界面

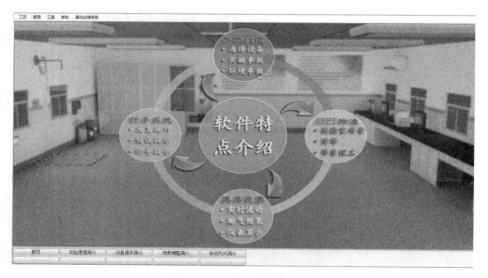

图 2-30 实验操作简介界面

操作者主要在 3D 场景仿真界面中进行操作，根据任务提示进行操作；实验操作简介界面可以查看软件特点介绍、实验原理简介、视野调整简介、移动方式简介和设备操作简介；评分界面（图 2-31）可以查看实验任务的完成情况及得分情况。

2.8.4 仿真实验步骤

2.8.4.1 实验前准备

（1）实验开始前设置实验物料种类。

（2）记录支架质量。

（3）记录干物料质量。

图 2-31　操作质量评分系统运行界面

（4）记录浸水后的物料质量。

（5）记录空气温度。

（6）记录环境湿度。

（7）输入大气压力。

（8）输入孔板流量计孔径。

（9）输入湿物料面积。

（10）设置参数完成后，记录数据。

2.8.4.2　开启风机

（1）打开风机进口阀门 V12。

（2）打开出口阀门 V10。

（3）打开循环阀门 V11。

（4）打开总电源开关。

（5）启动风机。

2.8.4.3　开启加热电源

（1）启动加热电源。

（2）在"查看仪表"中设定洞道内干球温度，缓慢加热到指定温度。

2.8.4.4　开始实验

（1）在空气流量和干球温度稳定后，记录实验参数。

（2）双击物料进口，小心将物料放置在托盘内，关闭物料进口门。

（3）记录数据，每 2min 记录一组数据，共记录 10 组数据。

（4）当物料质量不再变化时，双击物料进口，停止实验。

（5）重新设定洞道内干球温度，稳定后开始新的实验。

（6）选择其他物料，重复实验。

2.8.4.5 停止实验

（1）停止实验，关闭加热仪表电源。

（2）待干球温度和进气温度相同时，关闭风机电源。

（3）关闭总电源开关。

2.8.5 实验结果及分析

（1）计算不同时间物料含水量，绘制干燥曲线 X-τ。

（2）计算不同时间干燥速率，绘制干燥速率曲线 U-X。

（3）读取物料的临界湿含量。

（4）对实验结果进行分析讨论。

2.8.6 思考题

（1）空气湿度一定时，相对湿度 φ 与温度 t 有什么关系？

（2）临界含水量与平衡含水量的大小关系是什么？

（3）干燥速率曲线分为哪几个阶段？

（4）什么是干燥速率？

（5）实验中若加大热空气流量，干燥速率曲线有何变化？

（6）本实验装置采用部分干燥介质（空气）循环使用的方法，其原因是什么？

（7）本实验中空气加热器出入口相对湿度之比等于什么？

（8）什么是物料在一定干燥条件下的临界干基含水量？

（9）实验过程中先启动风机，还是先启动加热器？

（10）影响干燥速率的因素有哪些？

（11）若本实验中干燥室不向外界散热，则入口和出口处空气的湿球温度有何关系？

（12）若提高进口空气的湿度，则干燥速率将有何变化？

（13）列举有利于干燥过程进行的措施。

（14）影响恒速干燥过程的因素有哪些？

（15）什么是恒定干燥条件？

（16）本实验中如果湿球温度计指示温度升高了，可能的原因是什么？

第 3 章　化工单元CSTS虚拟现实3D仿真

3.1　固定床反应器工艺3D仿真

3.1.1　工艺简介

本流程为利用催化加氢脱乙炔的工艺。乙炔是通过等温加氢反应器除掉的，反应器温度由壳程中冷剂温度控制。

主反应为：$nC_2H_2 + 2nH_2 \longrightarrow (C_2H_6)_n$。该反应是放热反应，每克乙炔反应后放出热量约为 $34000kcal$（$1cal = 4.1840J$）。温度超过 $66℃$ 时有副反应发生：$2nC_2H_4 \longrightarrow (C_4H_8)_n$，该副反应也是放热反应。

冷却介质为液态丁烷，通过丁烷蒸发带走反应器中的热量，丁烷蒸气通过冷却水冷凝。

反应原料分两股：一股为约 $-15℃$ 的以 C_2 为主的烃原料，进料量由流量控制器 FIC1425 控制；另一股为 H_2 与 CH_4 的混合气，温度约 $10℃$，进料量由流量控制器 FIC1427 控制。FIC1425 与 FIC1427 为比值控制，两股原料按一定比例在管线中混合后经原料气/反应气换热器（EH423）预热，再经原料预热器（EH424）预热到 $38℃$，进入固定床反应器（ER424A/B）。预热温度由温度控制器 TIC1466 通过调节预热器 EH424 加热蒸汽（S3）的流量来控制。

ER424A/B 中的反应原料在 $2.523MPa$、$44℃$ 下反应生成 C_2H_6。当温度过高时，会发生 C_2H_4 聚合生成 C_4H_8 的副反应。反应器中的热量由反应器壳程循环的加压 C_4 冷剂蒸发带走。C_4 蒸气在水冷器 EH429 中由冷却水冷凝，而 C_4 冷剂的压力由压力控制器 PIC1426 通过调节 C_4 蒸气冷凝回流量来控制，从而保持 C_4 冷剂的温度。

该工艺流程见图 3-1 和图 3-2。

3.1.2　本单元复杂控制回路说明

FFI1427 为一比值调节器。根据 FIC1425（以 C_2 为主的烃原料）的流量，按一定的比例，相适应地调整 FIC1427（H_2）的流量。

工业上为了保持两种或两种以上物料的比例为一定值的调节叫比值调节。对于比值

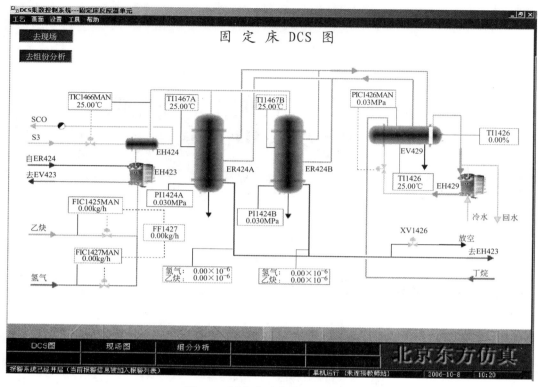

图 3-1　固定床反应器 DCS 界面

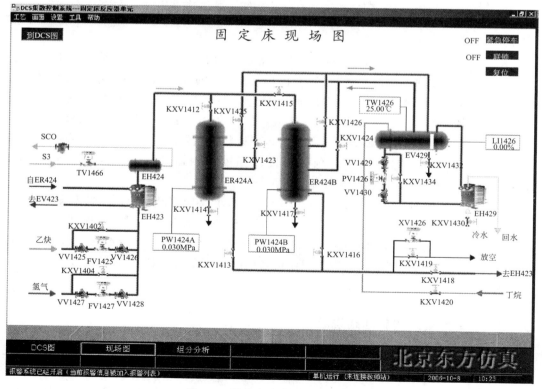

图 3-2　固定床反应器现场界面

调节系统，首先是要明确哪种物料是主物料，而另一种物料按主物料来配比。在本单元中，FIC1425（以 C_2 为主的烃原料）为主物料，而 FIC1427（H_2）的量是随主物料（C_2 为主的烃原料）的量的变化而改变。

3.1.3 设备一览

EH423：原料气/反应气换热器。

EH424：原料气预热器。

EH429：CH_4 蒸气冷凝器。

EV429：C_4 闪蒸罐。

ER424A/B：C_2 加氢反应器。

3.1.4 操作规程

3.1.4.1 开车操作规程

本操作规程仅供参考，详细操作以评分系统为准。

装置的开工状态为反应器和闪蒸罐都处于已进行过氮气冲压置换后，保压在 0.03MPa 状态，可以直接进行实气冲压置换。

（1）EV429 闪蒸器充丁烷

a. 确认 EV429 压力为 0.03MPa。

b. 打开 EV429 回流阀 PV1426 的前后阀 VV1429、VV1430。

c. 调节 PV1426（PIC1426）阀开度为 50%。

d. EH429 通冷却水，打开 KXV1430，开度为 50%。

e. 打开 EV429 的丁烷进料阀门 KXV1420，开度为 50%。

f. 当 EV429 液位达到 50% 时，关进料阀 KXV1420。

（2）ER424A 反应器充丁烷

① 确认事项

a. 反应器 0.03MPa 保压。

b. EV429 液位达到 50%。

② 充丁烷 打开丁烷冷剂进 ER424A 壳层的阀门 KXV1423，有液体流过，充液结束。同时打开出 ER424A 壳层的阀门 KXV1425。

（3）ER424A 启动

① 启动前准备工作

a. ER424A 壳层有液体流过。

b. 打开 S3 蒸汽进料控制 TIC1466。

c. 调节 PIC1426 设定，压力控制设定在 0.4MPa。

② ER424A 充压、实气置换

a. 打开 FIC1425 的前后阀 VV1425、VV1426 和 KXV1412。

b. 打开阀 KXV1418。

c. 微开 ER424A 出料阀 KXV1413，丁烷进料控制 FIC1425（手动），慢慢增加进料，提高反应器压力，充压至 2.523MPa。

d. 开 ER424A 出料阀 KXV1413 至 50%，充压至压力平衡。

　　e. 乙炔原料进料控制 FIC1425 设自动，设定值 56186.8kg/h。

　　③ ER424A 配氢，调整丁烷冷剂压力

　　a. 稳定反应器入口温度在 38.0℃，使 ER424A 升温。

　　b. 当反应器温度接近 38.0℃（超过 35.0℃）时，准备配氢。打开 FV1427 的前后阀 VV1427、VV1428。

　　c. 氢气进料控制 FIC1427 设自动，流量设定为 80kg/h。

　　d. 观察反应器温度变化，当氢气量稳定后，FIC1427 设手动。

　　e. 缓慢增加氢气量，注意观察反应器温度变化。

　　f. 氢气流量控制阀开度每次增加不超过 5%。

　　g. 氢气量最终加至 200kg/h 左右，此时 $H_2/C_2=2.0$，FIC1427 投串级。

　　h. 控制反应器温度为 44.0℃ 左右。

3.1.4.2　正常操作规程

（1）正常工况下工艺参数

　　a. 正常运行时，反应器 TI1467A 温度为 44.0℃，PI1424A 压力控制在 2.523MPa。

　　b. FIC1425 设自动，设定值 56186.8kg/h，FIC1427 设串级。

　　c. PIC1426 压力控制在 0.4MPa，EV429 温度（TI1426）控制在 38.0℃。

　　d. TIC1466 设自动，设定值 38.0℃。

　　e. ER424A 出口氢气浓度低于 50×10^{-6}，乙炔浓度低于 200×10^{-6}。

　　f. EV429 液位 LI1426 为 50%。

（2）ER424A 与 ER424B 间切换

　　a. 关闭氢气进料。

　　b. ER424A　温度下降低于 38.0℃ 后，打开 C_4 冷剂进 ER424B 的阀 KXV1424、KXV1426，关闭 C_4 冷剂进 ER424A 的阀 KXV1423、KXV1425。

　　c. 开 H_2/C_2 进 ER424B 的阀 KXV1415，微开 KXV1416，关 C_2H_2 进 ER424A 的阀 KXV1412。

（3）ER424B 的操作　　ER424B 的操作与 ER424A 操作相同。

3.1.4.3　停车操作规程

　　本操作规程仅供参考，详细操作以评分系统为准。

（1）正常停车

　　a. 关闭氢气进料，关 VV1427、VV1428，FIC1427 设手动，设定值为 0%。

　　b. 关闭加热器 EH424 蒸汽进料，TIC1466 设手动，开度 0%。

　　c. 闪蒸器冷凝回流控制，PIC1426 设手动，开度 100%。

　　d. 逐渐减少乙炔进料，开大 EH429 冷却水进料。

　　e. 逐渐降低反应器温度、压力至常温、常压。

　　f. 逐渐降低闪蒸器温度、压力至常温、常压。

（2）紧急停车

　　a. 与停车操作规程相同。

　　b. 也可按急停车按钮（在现场操作图上）。

3.1.4.4　联锁说明

该单元有一联锁。

（1）联锁源

a. 现场手动紧急停车（紧急停车按钮）。

b. 反应器温度高报（TI1467A/B＞66℃）。

（2）联锁动作

a. 关闭氢气进料，FIC1427设手动。

b. 关闭加热器EH424蒸汽进料，TIC1466设手动。

c. 闪蒸器冷凝回流控制，PIC1426设手动，开度100%。

d. 自动打开电磁阀XV1426。

该联锁有一复位按钮。

注意：在复位前，应首先确定反应器温度已降回正常，同时处于手动状态的各控制点应设成最低值。

3.1.4.5　仪表及报警

仪表及报警一览表见表3-1。

表 3-1　仪表及报警一览表

位号	说明	类型	量程高限	量程低限	工程单位	报警上限	报警下限
PIC1426	EV429 罐压力控制	PID	1.0	0.0	MPa	0.70	无
TIC1466	EH423 出口温控	PID	80.0	0.0	℃	43.0	无
FIC1425	C_2X 流量控制	PID	700000.0	0.0	kg/h	无	无
FIC1427	H_2 流量控制	PID	300.0	0.0	kg/h	无	无
FT1425	C_2X 流量	PV	700000.0	0.0	kg/h	无	无
FT1427	H_2 流量	PV	300.0	0.0	kg/h	无	无
TC1466	EH423 出口温度	PV	80.0	0.0	℃	43.0	无
TI1467A	ER424A 温度	PV	400.0	0.0	℃	48.0	无
TI1467B	ER424B 温度	PV	400.0	0.0	℃	48.0	无
PC1426	EV429 压力	PV	1.0	0.0	MPa	0.70	无
LI1426	EV429 液位	PV	100	0.0	%	80.0	20.0
AT1428	ER424A 出口氢浓度	PV	200000.0	$\times10^{-6}$	90.0	无	无
AT1429	ER424A 出口乙炔浓度	PV	1000000.0	$\times10^{-6}$	无	无	无
AT1430	ER424B 出口氢浓度	PV	200000.0	$\times10^{-6}$	90.0	无	无
AT1431	ER424B 出口乙炔浓度	PV	1000000.0	$\times10^{-6}$	无	无	无

3.1.5　事故设置一览

下列事故处理操作仅供参考，详细操作以评分系统为准。

3.1.5.1　氢气进料阀卡住

原因：FIC1427卡在20%处。

现象：氢气量无法自动调节。

处理：降低 EH429 冷却水的量，用旁路阀 KXV1404 手工调节氢气量。

3.1.5.2 预热器 EH424 阀卡住

原因：TIC1466 卡在 70% 处。

现象：换热器出口温度超高。

处理：增加 EH429 冷却水的量，减少配氢量。

3.1.5.3 闪蒸罐压力调节阀卡住

原因：PIC1426 卡在 20% 处。

现象：闪蒸罐压力、温度超高。

处理：增加 EH429 冷却水的量，用旁路阀 KXV1434 手工调节。

3.1.5.4 反应器漏气

原因：反应器漏气，KXV1414 卡在 50% 处。

现象：反应器压力迅速降低。

处理：停工。

3.1.5.5 EH429 冷却水停

原因：EH429 冷却水供应停止。

现象：闪蒸罐压力、温度超高。

处理：停工。

3.1.5.6 反应器超温

原因：闪蒸罐通向反应器的管路有堵塞。

现象：反应器温度超高，会引发乙烯聚合的副反应。

处理：增加 EH429 冷却水的量。

3.1.6 思考题

3.1.6.1 是非题

（1）固定床反应器多用于大规模气相反应。　　　　　　　　　　　　（　　）

（2）反应流体的组成沿流动方向而变化，在与流动方向垂直的方向上，组成也有可能由于温度梯度而变化。　　　　　　　　　　　　　　　　　　　（　　）

（3）固定床反应器参加反应的气体通过静止的催化剂进行反应。　　（　　）

（4）固定床反应器操作不当、温度控制不严时发生飞温，则会降低催化剂的活性和寿命，危及设备安全，影响产品质量。　　　　　　　　　　　　　　（　　）

（5）日常设备检查是指专职维修人员每天对设备进行的检查。　　　（　　）

（6）现场管理是综合性、全面性和全员性的管理。　　　　　　　　　（　　）

（7）开车前系统所有导淋阀、排放阀、放空阀、安全阀的上下游阀均关闭。（　　）

（8）在一定条件下，一个反应体系可以按热力学上可能的若干方向进行，当某种催化剂存在时，可使其中一个方向显著加速，这就是催化剂的选择性。　　（　　）

（9）正常操作时，负荷波动不会造成反应器出口分析不合格。　　　（　　）

（10）反应器设置超温联锁是为了防止因超温而发生爆炸事故。　　　（　　）

（11）装置的氮气置换主要方法有两种：连续置换法和压涨式置换法。其中，连续置换法节约氮气，置换的时间短。　　　（　　）

（12）固定床反应器床层静止不动，流体通过床层进行反应。　　　（　　）

（13）固定床反应器是装填有固体催化剂或固体反应物，用以实现单相反应过程的一种反应器。　　　（　　）

（14）装置开车前，调节阀校正只能由仪表维修人员负责完成。　　　（　　）

（15）非均相中液固相反应的结构形式是固定床反应器。　　　（　　）

（16）列管式固定床反应器返混小、选择性较低。　　　（　　）

（17）催化剂只能使平衡较快达到，而不能使平衡发生移动。　　　（　　）

（18）化学反应速率用不同物质的浓度变化来表示时，其数值相等。　　　（　　）

（19）选择性是指经过反应器后生产成产品的物料与该物料进料总量的比率。　　　（　　）

（20）飞温是指反应过程恶化，在反应器催化剂床层部分地区产生温度失控，造成催化剂烧结和循环气燃烧、爆炸等危险。　　　（　　）

（21）接触时间是反应气体在反应条件下，通过催化剂床层中自由空间所需的时间，单位为秒（s）。　　　（　　）

（22）堆积密度是当催化剂自由地填入反应器床层时，每单位容积反应器中催化剂的质量，单位为千克/米^3（kg/m^3）。　　　（　　）

（23）固定床反应器是指在反应器中催化剂以确定的堆积方式排列，而被催化剂反应的物料经过催化剂层进行催化反应。　　　（　　）

（24）空速过大，催化剂磨损增大，缩短催化剂使用寿命；空速过小，易产生热点，选择性下降，影响产量，单耗增加。　　　（　　）

（25）空速是每单位体积催化剂每小时通过的气体质量。　　　（　　）

（26）本固定床反应器工艺仿真单元中，EH423预热器的主要作用是反应前将反应器温度加热到反应的初始温度。　　　（　　）

（27）本固定床反应器工艺仿真单元中，反应温度的控制是由壳侧中冷剂温度控制的。　　　（　　）

（28）工业上为了保持两种或两种以上物料的比例为一定值的调节叫比值调节。　　　（　　）

（29）列管式固定床反应器优点是返混小、选择性较高。　　　（　　）

（30）列管式固定床反应器优点是结构比绝热反应器简单，但催化剂的装卸不方便。　　　（　　）

（31）绝热式固定床反应器缺点是传热差，操作过程中催化剂不能更换。　　　（　　）

（32）绝热式固定床反应器优点是结构简单。　　　（　　）

（33）绝热式固定床反应器优点是返混小。　　　（　　）

（34）凡是流体通过不动的固体物料所形成的床层而进行反应的装置，都称作固定床反应器。　　　（　　）

3.1.6.2 选择题

1. 反应器发生飞温的危害有（　　　）。

A. 损坏催化剂　　　B. 发生事故　　　C. 破坏设备　　　D. 影响生产

2. 对设备进行清洗、润滑、紧固易松动的螺栓、检查零部件的状况，这属于设备的（　　）保养。

A. 一级　　B. 二级　　C. 例行　　D. 三级

3. 高压下操作，爆炸极限会（　　）。

A. 加宽　　B. 变窄　　C. 不变　　D. 不一定

4. 按照国家排放标准规定，排放废水的 pH 值应为（　　）。

A. 小于 3　　B. 3～4　　C. 4～6　　D. 6～9

5. 关于设置反应器超温联锁的意义，下列说法不正确的是（　　）。

A. 保护反应器　　B. 保护催化剂

C. 避免不安全事故发生　　D. 防止产品不合格

6. 安全阀的主要设置部位应该是（　　）。

A. 安装在受压容器上　　B. 安装在受压管道及机泵出口处

C. 安装在因压力超高而导致系统停车，设备损坏，以及带来危险的设备上

D. 安装在所有的设备上

7. 某 C_2 加氢反应器一段床进料为 $65000 \text{m}^3/\text{h}$，某乙炔含量为 0.9%（体积分数），一段床出口乙炔为 0.3%（体积分数），则乙炔转化率为（　　）。

A. 33%　　B. 50%　　C. 67%　　D. 100%

8. 某一反应器，反应方程式为 $A+B \longrightarrow 2C+D$，反应为不完全反应，A 物料过量，目的产物是 C，副产物为 D，进料中 A 物料流量为 1800mol/h，反应器出口 A 物料流量为 800mol/h，C 物料流量为 1600mol/h，D 物料流量为 200mol/h，则目的产物 C 的产率为（　　）。

A. 44%　　B. 56%　　C. 80%　　D. 89%

9. 液相反应器将反应热移走的方式有（　　）。

A. 气相外循环冷却　　B. 液相原料汽化

C. 夹套冷却水　　D. 冷进料撤热

10. 氮气置换设备中的空气要求是氧气量（　　）。

A. <2‰　　B. <0.2%　　C. <0.2‰　　D. <1‰

11. 列管式固定床反应器的优缺点有（　　）。

A. 对于较强的放热反应，还可用同样粒度的惰性物料来稀释催化剂

B. 传热较好，管内温度较易控制　　C. 返混小、选择性较高

D. 只要增加管数，便可有把握地进行放大

12. 气固相固定床反应器的基本类型为（　　）。

A. 绝热式固定床反应器　　B. 换热式固定床反应器

C. 径向流动反应器　　D. 限制床反应器

13. 下列对反应平衡常数的表述，不准确的是（　　）。

A. 平衡常数就是衡量平衡状态的一种数量标志

B. 化学反应平衡常数习惯上称为浓度平衡常数

C. 标准平衡常数又叫作热力学平衡常数

D. 热力学中把平衡常数区分为压力平衡常数和浓度平衡常数

14. 吹扫的目的是将系统中存在的泥沙、焊渣、锈皮及其他机械杂质等在（　　）

时吹扫干净。

  A. 管线安装前 B. 化工投料前

  C. 化工投料后 D. 管线气密后

  15. 安全阀的开启压力一般为最高工作压力的（ ）。

  A. 0.9 倍 B. 1.05～1.1 倍 C. 1.5 倍 D. 以上均不正确

  16. 闪点≤45℃的液体叫易燃液体，闪点＞（ ）℃的液体叫可燃液体。

  A. 45 B. 55 C. 65 D. 85

  17. 单位体积填料层的填料表面积称为比表面积，填料的比表面积（ ），所能提供的汽液两相间传质面积越大。

  A. 越大 B. 越小 C. 不变 D. 以上均不正确

3.1.6.3 简答题

  1. 结合本单元，说明比例控制的工作原理。

  2. 为什么是根据乙炔的进料量调节配氢气的量，而不是根据氢气的量调节乙炔的进料量？

  3. 根据本单元实际情况，说明反应器冷却剂的自循环原理。

  4. 说明在 EH429 冷却器的冷却水中断后会造成的结果。

  5. 结合本单元实际，理解"联锁"和"联锁复位"的概念。

3.2 管式加热炉单元3D仿真

3.2.1 工艺简介

3.2.1.1 工艺说明

  本单元仿真的是石油化工生产中最常用的管式加热炉。管式加热炉是一种直接受热式加热设备，主要用于加热液体或气体化工原料，所用燃料通常有燃料油和燃料气。管式加热炉的传热方式以辐射传热为主，管式加热炉通常由以下几部分构成：

  （1）辐射室 通过火焰或高温烟气进行辐射传热的部分，这部分直接受火焰冲刷，温度很高（600～1600℃），是热交换的主要场所（约占热负荷的70%～80%）。

  （2）对流室 靠辐射室出来的烟气进行以对流传热为主的换热部分。

  （3）燃烧器 燃烧器是使燃料雾化并混合空气，使之燃烧的产热设备。燃烧器可分为燃料油燃烧器、燃料气燃烧器和油-气联合燃烧器。

  （4）通风系统 将燃烧用空气引入燃烧器，并将烟气引出炉子的设备，可分为自然通风方式和强制通风方式。

3.2.1.2 工艺物料系统

  某烃类化工原料在流量调节器 FIC101 的控制下先进入加热炉 F-101 的对流段，经对流加热升温后，再进入 F-101 的辐射段，被加热至 420℃后，送至下一工序，其炉出口温度由调节器 TIC106 通过调节燃料气流量或燃料油压力来控制。

采暖水在调节器 FIC102 控制下，经与 F-101 的烟气换热，回收余热后，返回采暖水系统。

3.2.1.3 燃料系统

燃料气管网的燃料气在调节器 PIC101 的控制下进入燃料气罐 V-105，燃料气在 V-105 中脱油脱水后，分两路送入加热炉，一路在 PCV01 控制下送入常明线，另一路在 TV106 调节阀控制下送入油-气联合燃烧器。

来自燃料油罐 V-108 的燃料油经 P101A/B 升压后，在 PIC109 控制压送至燃烧器火嘴前，用于维持火嘴前的油压，多余燃料油返回 V-108。来自管网的雾化蒸汽在 PDIC112 的控制压与燃料油保持一定压差的情况下送入燃料器。来自管网的吹热蒸汽直接进入炉膛底部。

该管式加热炉单元工艺流程见图 3-3 和图 3-4。

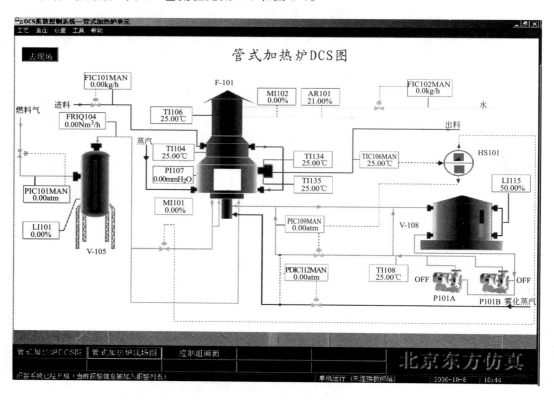

图 3-3　管式加热炉 DCS 界面

3.2.1.4 本单元复杂控制方案说明

炉出口温度控制：

TIC106 通过一个切换开关 HS101 控制工艺物流炉出口温度。实现两种控制方案：其一是直接控制燃料气流量，其二是与燃料压力调节器 PIC109 构成串级控制。当采用第一种方案时：燃料油的流量固定，不做调节，通过 TIC106 自动调节燃料气流量，控制工艺物流炉出口温度。当采用第二种方案时：燃料气流量固定，TIC106 和燃料压力调节器 PIC109 构成串级控制回路，控制工艺物流炉出口温度。

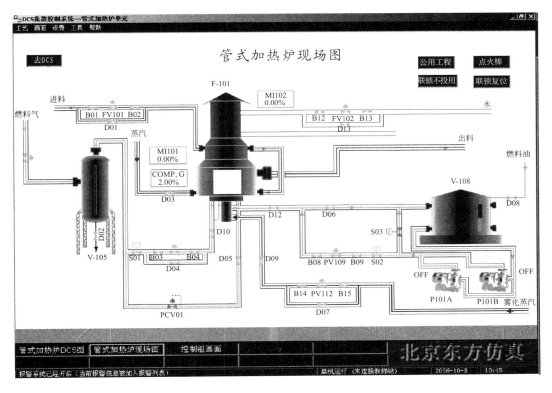

图 3-4 管式加热炉现场界面

3.2.1.5 设备一览

V-105：燃料气分液罐。

V-108：燃料油储罐。

F-101：管式加热炉。

P101A：燃料油 A 泵。

P101B：燃料油 B 泵。

3.2.2 本单元操作规程

3.2.2.1 冷态开车操作规程

本操作规程仅供参考，详细操作以评分系统为准。装置的开车状态为氨置换的常温常压氨封状态。

（1）开车前的准备

a. 公用工程启用（现场图"UTILITY"按钮置"ON"）。

b. 摘除联锁（现场图"BYPASS"按钮置"ON"）。

c. 联锁复位（现场图"RESET"按钮置"ON"）。

（2）点火准备工作

a. 全开加热炉的烟道挡板 MI102。

b. 打开吹扫蒸汽阀 D03，吹扫炉膛内的可燃气体（实际约需 10min）。

c. 待可燃气体的含量低于 0.5% 后，关闭吹扫蒸汽阀 D03。

d. 将 MI101 调节至 30％。

e. 调节 MI102 在一定的开度（30％左右）。

（3）燃料气准备

a. 手动打开 PIC101 的调节阀，向 V-105 充燃料气。

b. 控制 V-105 的压力不超过 2atm（1atm＝101325Pa），在 2atm 处将 PIC101 投自动。

（4）点火操作

a. 当 V-105 压力大于 0.5atm 后，启动点火棒（"IGNITION"按钮置"ON"），开常明线上的根部阀门 D05。

b. 确认点火成功（火焰显示）。

c. 若点火不成功，需重新进行吹扫和再点火。

（5）升温操作

a. 确认点火成功后，先进燃料气线上的调节阀的前后阀（B03、B04），再稍开调节阀（＜10％）（TV106），再全开根部阀 D10，引燃料气入加热炉火嘴。

b. 用调节阀 TV106 控制燃料气量，来控制升温速度。

c. 当炉膛温度升至 100℃时恒温 30s（实际生产恒温 1h）烘炉，当炉膛温度升至 180℃时恒温 30s（实际生产恒温 1h）暖炉。

（6）引工艺物料 当炉膛温度升至 180℃后，引工艺物料。

a. 先开进料调节阀的前后阀 B01、B02，再稍开调节阀 FV101（＜10％），引工艺物料进加热炉。

b. 先开采暖水线上调节阀的前后阀 B13、B12，再稍开调节阀 FV102（＜10％），引采暖水进加热炉。

（7）启动燃料油系统 待炉膛温度升至 200℃左右时，开启燃料油系统：

a. 开雾化蒸汽调节阀的前后阀 B15、B14，再微开调节阀 PDIC112（＜10％）。

b. 全开雾化蒸汽的根部阀 D09。

c. 开燃料油压力调节阀 PV109 的前后阀 B09、B08。

d. 开燃料油返回 V-108 管线阀 D06。

e. 启动燃料油泵 P101A。

f. 微开燃料油调节阀 PV109（＜10％），建立燃料油循环。

g. 全开燃料油根部阀 D12，引燃料油入火嘴。

h. 打开 V-108 进料阀 D08，保持储罐液位为 50％。

i. 按升温需要逐步开大燃料油调节阀，通过控制燃料油升压（最后到 6atm 左右）来控制进入火嘴的燃料油量，同时控制 PDIC112 在 4atm 左右。

（8）调整至正常

a. 逐步升温使炉出口温度至正常（420℃）。

b. 在升温过程中，逐步开大工艺物料线的调节阀，使其流量调整至正常。

c. 在升温过程中，逐步调采暖水流量至正常。

d. 在升温过程中，逐步调整风门，使烟气氧含量正常。

e. 逐步调节挡板开度，使炉膛负压正常。

f. 逐步调整其他参数至正常。

g. 将联锁系统投用（"INTERLOCK"按钮置"ON"）。

3.2.2.2　正常操作规程

（1）正常工况下主要工艺参数的生产指标

a. 炉出口温度 TIC106：420℃。

b. 炉膛温度 TI104：640℃。

c. 烟道气温度 TI105：210℃。

d. 烟道氧含量 AR101：4%。

e. 炉膛负压 PI107：－2.0mmH$_2$O（1mmH$_2$O＝133.322Pa）。

f. 工艺物料量 FIC101：3072.5kg/h。

g. 采暖水流量 FIC102：9584kg/h。

h. V-105 压力 PIC101：2atm。

i. 燃料油压力 PIC109：6atm。

j. 雾化蒸汽压差 PDIC112：4atm。

（2）TIC106 控制方案切换　工艺物料的炉出口温度 TIC106 可以通过燃料气和燃料油两种方式进行控制。两种方式的切换由 HS101 切换开关来完成。当 HS100 切入燃料气控制时，TIC106 直接控制燃料气调节阀，燃料油由 PIC109 单回路自行控制；当 HS101 切入燃料油控制时，TIC106 与 PIC109 结成串级控制，通过燃料油压力控制燃料油燃烧量。

3.2.2.3　停车操作规程

本操作规程仅供参考，详细操作以评分系统为准。

（1）停车准备　摘除联锁系统（现场图上按下"联锁不投用"）。

（2）降量

a. 通过 FIC101 逐步降低工艺物料进料量至正常的 70%。

b. 在 FIC101 降量过程中，逐步通过减小燃料油压力或降低燃料气流量，来维持炉出口温度 TIC106 稳定在 420℃左右。

c. 在 FIC101 降量过程中，逐步降低采暖水 FIC102 的流量。

d. 在降量过程中，适当调节风门和挡板，维持烟气氧含量和炉膛负压。

（3）降温及停燃料油系统

a. 当 FIC101 降至正常量的 70% 后，逐步开大燃料油的 V-108 返回阀来降低燃料油压力，降温。

b. 待 V-108 返回阀全开后，可逐步关闭燃料油调节阀，再停燃料油泵（P101A/B）。

c. 在降低燃料油压力的同时，降低雾化蒸汽流量，最终关闭雾化蒸汽调节阀。

d. 在以上降温过程中，可适当降低工艺物料进料量，但不可使炉出口温度高于 420℃。

（4）停燃料气及工艺物料

a. 待燃料油系统停完后，关闭 V-105 燃料气入口调节阀（PIC101 调节阀），停止向 V-105 供燃料气。

b. 待 V-105 压力下降至 0.3atm 时，关燃料气调节阀 TV106。

c. 待 V-105 压力降至 0.1atm 时，关常明灯根部阀 D05，灭火。

d. 待炉膛温度低于 150℃时，关 FIC101 调节阀，停工艺进料，关 FIC102 调节阀，停采暖水。

（5）炉膛吹扫

a. 灭火后，开吹扫蒸汽，吹扫炉膛 5s（实际 10min）。

b. 停吹扫蒸汽后，保持风门、挡板一定开度，使炉膛正常通风。

3.2.3 复杂控制系统和联锁系统

3.2.3.1 炉出口温度控制

工艺物流炉出口温度 TIC106 通过一个切换开关 HS101，实现两种控制方案：其一是直接控制燃料气流量，其二是与燃料压力调节器 PIC109 构成串级控制。

3.2.3.2 炉出口温度联锁

（1）联锁源

① 工艺物料进料量过低（FIC101 值小于正常值的 50%）。

② 雾化蒸汽压力过低（低于 0.7MPa）。

（2）联锁动作

① 关闭燃料气入炉电磁阀 S01。

② 关闭燃料油入炉电磁阀 S02。

③ 开燃料油返回电磁阀 S03。

3.2.4 仪表及报警

仪表及报警一览见表 3-2。

表 3-2 仪表及报警一览表

位号	说明	类型	正常值	量程上限	量限下限	工程单位	高报	低报	高高报	低低报
AR101	烟气氧含量	AI	4.0	21.0	0.0	%	7.0	1.5	10.0	1.0
FIC101	工艺物料进料量	PID	3072.5	6000.0	0.0	kg/h	4000.0	1500.0	5000.0	1000.0
FIC102	采暖水进料量	PID	9584.0	20000.0	0.0	kg/h	15000.0	5000.0	18000.0	1000.0
LI101	V-105 液位	AI	40.0~60.0	100.0	0.0	%				
LI115	V-108 液位	AI	40.0~60.0	100.0	0.0	%				
PIC101	V-105 压力	PID	2.0	4.0	0.0	atm(G)	3.0	1.0	3.5	0.5
PI107	烟膛负压	AI	-2.0	10.0	-10.0	mmH$_2$O	0.0	-4.0	4.0	-8.0
PIC109	燃料油压力	PID	6.0	10.0	0.0	atm(G)	7.0	5.0	9.0	3.0
PDIC112	雾化蒸汽压差	PID	4.0	10.0	0.0	atm(G)	7.0	2.0	8.0	1.0
TI104	炉膛温度	AI	640.0	1000.0	0.0	℃	700.0	600.0	750.0	400.0
TI105	烟气温度	AI	210.0	400.0	0.0	℃	250.0	100.0	300.0	50.0
TIC106	工艺物料炉温度	PID	420.0	800.0	0.0	℃	430.0	410.0	460.0	370.0
TI108	燃料油温度	AI		100.0	0.0	℃				
TI134	炉出口温度	AI		800.0	0.0	℃	430.0	400.0	450.0	370.0

位号	说明	类型	正常值	量程上限	量限下限	工程单位	高报	低报	高高报	低低报
TI135	炉出口温度	AI		800.0	0.0	℃	430.0	400.0	450.0	370.0
HS101	切换开关	SW			0.0					
MI101	风门开度	AI		100.0	0.0	％				
MI102	挡板开度	AI		100.0	0.0	％				
TT106	TIC106 的输入	AI	420.0	800.0	0.0	℃	430.0	400	450.0	370.0
PT109	PIC109 的输入	AI	6.0	10.0	0.0	atm	7.0	5.0	9.0	3.0
FT101	FIC101 的输入	AI	3072.5	6000.0	0.0	kg/h	4000.0	1500.0	5000.0	500.0
FT102	FIC102 的输入	AI	9584.0	20000.0	0.0	kg/h	11000.0	5000.0	15000.0	1000.0
PT101	PIC101 的输入	AI	2.0	4.0	0.0	atm	3.0	1.5	3.5	1.0
PT112	PDIC112 的输入	AI	4.0	10.0	0.0	atm	300.0	150.0	350.0	100.0
FRIQ104	燃料气的流量	AI	209.8	400.0	0.0	Nm^3/h	0.0	−4.0	4.0	−8.0
COMPG	炉膛内可燃气体的含量	AI	0.00	100.0	0.0	％	0.5	0.0	2.0	0.0

3.2.5 事故设置一览

下列事故处理操作仅供参考，详细操作以评分系统为准。

3.2.5.1 燃料油火嘴堵

事故现象：

（1）燃料油泵出口压控阀压力忽大忽小。

（2）燃料气流量急骤增大。

处理方法：紧急停车。

3.2.5.2 燃料气压力低

事故现象：

（1）炉膛温度下降。

（2）炉出口温度下降。

（3）燃料气分液罐压力降低。

处理方法：

（1）改为烧燃料油控制。

（2）通知指导教师联系调度处理。

3.2.5.3 炉管破裂

事故现象：

（1）炉膛温度急骤升高。

（2）炉出口温度升高。

（3）燃料气控制阀关阀。

处理方法：炉管破裂的紧急停车。

3.2.5.4　燃料气调节阀卡住

事故现象：

（1）调节器信号变化时，燃料气流量不发生变化。

（2）炉出口温度下降。

处理方法：

（1）改现场旁路手动控制。

（2）通知指导教师联系仪表人员进行修理。

3.2.5.5　燃料气带液

事故现象：

（1）炉膛和炉出口温度下降。

（2）燃料气流量增加。

（3）燃料气分液罐液位升高。

处理方法：

（1）关燃料气控制阀。

（2）改由烧燃料油控制。

（3）通知指导教师联系调度处理。

3.2.5.6　燃料油带水

事故现象：燃料气流量增加。

处理方法：

（1）关燃料油根部阀和雾化蒸汽。

（2）改由烧燃料气控制。

（3）通知指导教师联系调度处理。

3.2.5.7　雾化蒸汽压力低

事故现象：

（1）产生联锁。

（2）PIC109 控制失灵。

（3）炉膛温度下降。

处理方法：

（1）关燃料油根部阀和雾化蒸汽。

（2）直接用温度控制调节器控制炉温。

（3）通知指导教师联系调度处理。

3.2.5.8　燃料油泵 A 停

事故现象：

（1）炉膛温度急剧下降。

（2）燃料气控制阀开度增加。

处理方法：

（1）现场启动备用泵。

（2）调节燃料气控制阀的开度。

3.2.6　思考题

（1）什么叫工业炉？按热源可分为几类？

（2）油-气混合燃烧炉的主要结构是什么？开/停车时应注意哪些问题？

（3）加热炉在点火前为什么要对炉膛进行蒸汽吹扫？

（4）加热炉点火时为什么要先点燃点火棒，再依次开常明线阀和燃料气阀？

（5）在点火失败后，应做些什么工作？为什么？

（6）加热炉在升温过程中为什么要烘炉？升温速度应如何控制？

（7）加热炉在升温过程中，什么时候引入工艺物料，为什么？

（8）在点燃燃油火嘴时应做哪些准备工作？

（9）雾化蒸汽量过大或过小，对燃烧有什么影响？应如何处理？

（10）烟道气出口氧气含量为什么要保持在一定范围？过高或过低意味着什么？

（11）加热过程中，风门和烟道挡板的开度大小对炉膛负压和烟道气出口氧气含量有什么影响？

（12）该流程中三个电磁阀的作用是什么？在开/停车时应如何操作？

3.3　间歇釜反应单元3D仿真

3.3.1　工艺简介

间歇反应是助剂、制药、染料等行业生产过程中的常见反应。本工艺过程的产品（2-巯基苯并噻唑）是橡胶制品硫化促进剂 DM（2,2-二硫代苯并噻唑）的中间产品，它本身也是硫化促进剂，但活性不如 DM。

全流程的缩合反应包括备料工序和缩合工序。考虑到突出重点，将备料工序略去，则缩合工序共有三种原料，即多硫化钠（Na_2S_n）、邻硝基氯苯（$C_6H_4ClNO_2$）及二硫化碳（CS_2）。

主反应如下：

$$2C_6H_4NClO_2 + Na_2S_n \longrightarrow C_{12}H_8N_2S_2O_4 + 2NaCl + (n-2)S\downarrow$$

$$C_{12}H_8N_2S_2O_4 + 2CS_2 + 2H_2O + 3Na_2S_n \longrightarrow$$

$$2C_7H_4NS_2Na + 2H_2S\uparrow + 2Na_2S_2O_3 + (3n-4)S\downarrow$$

副反应如下：

$$C_6H_4NClO_2 + Na_2S_n + H_2O \longrightarrow C_6H_6NCl + Na_2S_2O_3 + (n-2)S\downarrow$$

工艺流程如下：

来自备料工序的 CS_2、$C_6H_4ClNO_2$、Na_2S_n 分别注入计量罐及沉淀罐中，经计量沉淀后利用位差及离心泵压入反应釜中，釜温由夹套中的蒸汽、冷却水及蛇管中的冷却水控制，设有分程控制 TIC101（只控制冷却水），通过控制反应釜温来控制反应速率及副反应速率，以获得较高的收率和确保反应过程的安全。

在本工艺流程中，主反应的活化能要比副反应的活化能高，因此升温后更利于反应收率提高。在90℃的时候，主反应和副反应的速率比较接近，因此，要尽量延长反应温度在90℃以上的时间，以获得更多的主反应产物。

本间歇反应单元工艺流程见图3-5和图3-6。

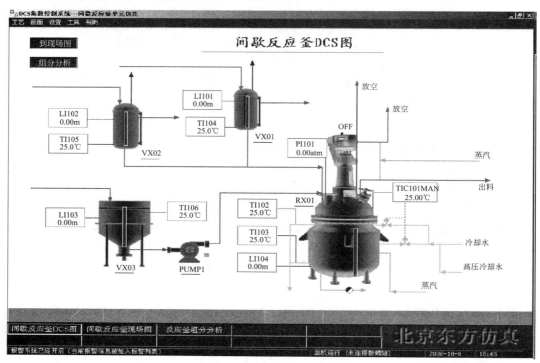

图3-5　间歇反应釜DCS界面

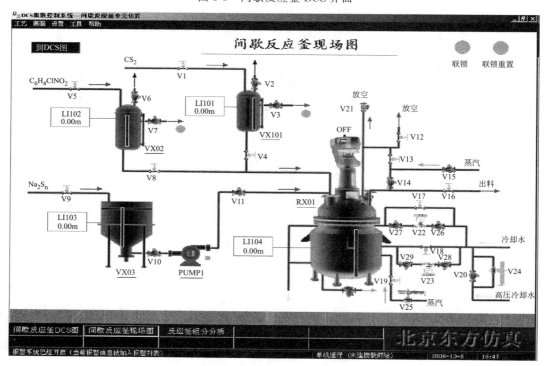

图3-6　间歇反应釜现场界面

3.3.2　设备一览

RX01：间歇反应釜。

VX01：CS_2 计量罐。

VX02：邻硝基氯苯计量罐。

VX03：Na_2S_n 沉淀罐。

PUMP1：进料泵（离心泵）。

3.3.3　间歇反应器单元操作规程

3.3.3.1　开车操作规程

本操作规程仅供参考，详细操作以评分系统为准。装置开工状态为各计量罐、反应釜、沉淀罐处于常温、常压状态，各种物料均已备好，大部分阀门、机泵处于关停状态（除蒸汽联锁阀外）。

（1）备料过程

① 向沉淀罐 VX03 进料（Na_2S_n）

a. 开阀门 V9，向罐 VX03 充液。

b. VX03 液位接近 3.60m 时，关小 V9，至 3.60m 时关闭 V9。

c. 置 4min（实际 4h）备用。

② 向计量罐 VX01 进料（CS_2）

a. 开放空阀门 V2。

b. 开溢流阀门 V3。

c. 开进料阀 V1，开度约为 50%，向罐 VX01 充液。液位接近 1.4m 时，可关小 V1。

d. 溢流标志变绿后，迅速关闭 V1。

e. 溢流标志再度变红后，可关闭溢流阀 V3。

③ 向计量罐 VX02 进料（邻硝基氯苯）

a. 开放空阀门 V6。

b. 开溢流阀门 V7。

c. 开进料阀 V5，开度约为 50%，向罐 VX02 充液。液位接近 1.2m 时，可关小 V5。

d. 溢流标志变绿后，迅速关闭 V5。

e. 溢流标志再度变红后，可关闭溢流阀 V7。

（2）进料

① 微开放空阀 V12，准备进料。

② 从 VX03 中向反应器 RX01 中进料（Na_2S_n）

a. 打开泵前阀 V10，向进料泵 PUMP1 中充液。

b. 打开进料泵 PUMP1。

c. 打开泵后阀 V11，向 RX01 中进料。

d. 至液位小于 0.1m 时停止进料，关泵后阀 V11。

e. 关泵 PUMP1。

③ 从 VX01 中向反应器 RX01 中进料（CS₂）

a. 检查放空阀 V2 开放。

b. 打开进料阀 V4 向 RX01 中进料。

c. 待进料完毕后关闭 V4。

④ 从 VX02 中向反应器 RX01 中进料（邻硝基氯苯）。

a. 检查放空阀 V6 开放。

b. 打开进料阀 V8 向 RX01 中进料。

c. 待进料完毕后关闭 V8。

⑤ 进料完毕后关闭放空阀 V12。

（3）开车阶段

① 检查放空阀 V12 及进料阀 V4、V8、V11 是否关闭，打开联锁控制。

② 开启反应釜搅拌电机 M1。

③ 适当打开夹套蒸汽加热阀 V19，观察反应釜内温度和压力上升情况，保持适当的升温速度。

④ 控制反应温度直至反应结束。

（4）反应过程控制

① 当温度升至 55～65℃ 左右关闭 V19，停止通蒸汽加热。

② 当温度升至 70～80℃ 左右时微开 TIC101（冷却水阀 V22、V23），控制升温速度。

③ 当温度升至 110℃ 以上时，是反应剧烈的阶段。应小心加以控制，防止超温。当温度难以控制时，打开高压水阀 V20，并可关闭搅拌器 M1 以使反应降速。当压力过高时，可微开放空阀 V12 以降低气压，但放空会使 CS₂ 损失，污染大气。

④ 反应温度大于 128℃ 时，相当于压力超过 8atm，已处于事故状态，如联锁开关处于"ON"的状态，联锁启动（开高压冷却水阀，关搅拌器，关加热蒸汽阀）。

⑤ 压力超过 15atm（相当于温度大于 160℃），反应釜安全阀发生作用。

3.3.3.2 热态开车操作规程

本操作规程仅供参考，详细操作以评分系统为准。

（1）反应中要求的工艺参数

① 反应釜中压力不大于 8atm。

② 冷却水出口温度不小于 60℃，如小于 60℃ 易使硫在反应釜壁和蛇管表面结晶，使传热不畅。

（2）主要工艺生产指标的调整方法

① 温度调节 操作过程中以温度为主要调节对象，以压力为辅助调节对象。升温慢会引起副反应速率大于主反应速率的时间段过长，因而引起反应的产率低；升温快则容易使反应失控。

② 压力调节 压力调节主要是通过调节温度实现的，但在超温的时候可以微开放空阀，使压力降低，以达到安全生产的目的。

③ 收率 由于在 90℃ 以下时，副反应速率大于正反应速率，因此在安全的前提下

快速升温是收率高的保证。

3.3.3.3 停车操作规程

本操作规程仅供参考，详细操作以评分系统为准。在冷却水量很小的情况下，反应釜的温度下降仍较快，则说明反应接近尾声，可以进行停车出料操作。

（1）打开放空阀 V12 约 5～10s，放掉釜内残存的可燃气体，关闭 V12。

（2）向釜内通增压蒸汽

① 打开蒸汽总阀 V15。

② 打开蒸汽加压阀 V13 给釜内升压，使釜内气压高于 4atm。

（3）打开蒸汽预热阀 V14 片刻。

（4）打开出料阀门 V16 出料。

（5）出料完毕后保持开 V16 约 10s 进行吹扫。

（6）关闭出料阀 V16（尽快关闭，超过 1min 不关闭将不能得分）。

（7）关闭蒸汽阀 V15。

3.3.4 仪表及报警

仪表及报警见表 3-3。

表 3-3 仪表及报警一览表

位号	说明	类型	正常值	量程高限	量程低限	工程单位	高报	低报	高高报	低低报
TIC101	反应釜温度控制	PID	115	500	0	℃	128	25	150	10
TI102	反应釜夹套冷却水温度	AI		100	0	℃	80	60	90	20
TI103	反应釜蛇管冷却水温度	AI		100	0	℃	80	60	90	20
TI104	CS_2 计量罐温度	AI		100	0	℃	80	20	90	10
TI105	邻硝基氯苯罐温度	AI		100	0	℃	80	20	90	10
TI106	多硫化钠沉淀罐温度	AI		100	0	℃	80	20	90	10
LI101	CS_2 计量罐液位	AI		1.75	0	m	1.4	0	1.75	0
LI102	邻硝基氯苯罐液位	AI		1.5	0	m	1.2	0	1.5	0
LI103	多硫化钠沉淀罐液位	AI		4	0	m	3.6	0.1	4.0	0
LI104	反应釜液位	AI		3.15	0	m	2.7	0	2.9	0
PI101	反应釜压力	AI		20	0	atm	8	0	12	0

3.3.5 事故设置一览

下列事故处理操作仅供参考，详细操作以评分系统为准。

3.3.5.1 超温（压）事故

原因：反应釜超温（压）。

现象：温度大于 128℃（气压大于 8atm）。

处理：

（1）开大冷却水，打开高压冷却水阀 V20。

（2）关闭搅拌器 PUMP1，使反应速率下降。

（3）如果气压超过 12atm，打开放空阀 V12。

3.3.5.2 搅拌器 M1 停转

原因：搅拌器坏。

现象：反应速率逐渐下降为低值，产物浓度变化缓慢。

处理：停止操作，出料维修。

3.3.5.3 冷却水阀 V22、V23 卡住（堵塞）

原因：蛇管冷却水阀 V22 卡住（堵塞）。

现象：开大冷却水阀对控制反应釜温度无作用，且出口温度稳步上升。

处理：开冷却水旁路阀 V17 调节。

3.3.5.4 出料管堵塞

原因：出料管硫黄结晶，堵住出料管。

现象：出料时，内气压较高，但釜内液位下降很慢。

处理：开出料预热蒸汽阀 V14 吹扫 5min 以上（仿真中采用）。拆下出料管用火烧化硫黄，或更换管段及阀门。

3.3.5.5 测温电阻连线故障

原因：测温电阻连线断。

现象：温度显示为零。

处理：改用压力显示对反应进行调节（调节冷却水用量）。升温至压力为 0.3～0.75atm 就停止加热。升温至压力为 1.0～1.6atm 开始通冷却水。压力为 3.5～4atm 以上为反应剧烈阶段。反应压力大于 7atm，相当于温度大于 128℃，处于故障状态。反应压力大于 10atm，反应器联锁启动。反应压力大于 15atm，反应器安全阀启动（以上压力为表压）。

3.3.6 思考题

（1）简述该反应过程的工艺流程。

（2）该反应经历了哪几个阶段？每个阶段有何特点？

（3）该反应釜由哪些部件构成？有哪些操作要点？在反应过程中各起什么作用？

（4）该反应中为什么在反应剧烈初期阶段夹套和蛇管冷却水量不得过大？是否和基本原理相矛盾？

（5）该反应的主、副反应各是什么？主副反应的竞争会导致什么结果？

（6）该反应的主、副反应各有什么特点？

（7）该反应如何操作才能减少副产物的生成？

（8）该反应一旦超压，有几种紧急处理措施？如何掌握分寸？

（9）该反应超压的原因是什么？为什么超压放空不得长时间进行？

（10）该反应剧烈阶段停搅拌，为什么能减缓反应速率？

（11）该反应缺少二硫化碳会有什么现象？为什么？

（12）该反应失控爆炸，为什么威力巨大？

3.4 吸收-解吸工艺3D仿真

3.4.1 工艺简介

吸收-解吸是石油化工生产过程中较常用的重要单元操作过程。吸收过程是利用气体混合物中各个组分在液体（吸收剂）中的溶解度不同，来分离气体混合物。被溶解的组分称为溶质或吸收质，含有溶质的气体称为富气，不被溶解的气体称为贫气或惰性气体。

溶解在吸收剂中的溶质和在气相中的溶质存在溶解平衡，当溶质在吸收剂中达到溶解平衡时，溶质在气相中的分压称为该组分在该吸收剂中的饱和蒸气压。当溶质在气相中的分压大于该组分的饱和蒸气压时，溶质就从气相溶入溶质中，称为吸收过程。当溶质在气相中的分压小于该组分的饱和蒸气压时，溶质就从液相逸出到气相中，称为解吸过程。提高压力、降低温度有利于溶质吸收，降低压力、提高温度有利于溶质解吸，分离气体混合物正是利用这一原理，而吸收剂可以重复使用。

该单元以 C_6 油为吸收剂，分离气体混合物（其中，C_4 25.13%，CO 和 CO_2 6.26%，N_2 64.58%，H_2 3.5%，O_2 0.53%）中的 C_4 组分（吸收质）。

从界区外来的富气从底部进入吸收塔 T-101。界区外来的纯 C_6 油吸收剂储存于 C_6 油储罐 D-101 中，由 C_6 油泵 P-101A/B 送入吸收塔 T-101 的顶部，C_6 流量由 FRC103 控制。吸收剂 C_6 油在吸收塔 T-101 中自上而下与富气逆向接触，富气中 C_4 组分被溶解在 C_6 油中。不溶解的贫气自 T-101 顶部排出，经盐水冷却器 E-101 被 $-4℃$ 的盐水冷却至 2℃进入尾气分离罐 D-102。吸收了 C_4 组分的富油（C_4 8.2%，C_6 91.8%）从吸收塔底部排出，经贫富油换热器 E-103 预热至 80℃进入解吸塔 T-102。吸收塔塔釜液位由 LIC101 和 FIC104 通过调节塔釜富油采出量串级控制。

来自吸收塔顶部的贫气在尾气分离罐 D-102 中回收冷凝的 C_4、C_6 后，不凝气在 D-102 压力控制器 PIC103［1.2MPa（G）］控制下排入放空总管，进入大气。回收的冷凝液（C_4、C_6）与吸收塔釜排出的富油一起进入解吸塔 T-102。

预热后的富油进入解吸塔 T-102 进行解吸分离。塔顶气相出料（C_4 95%）经全冷器 E-104 换热降温至 40℃全部冷凝，进入塔顶回流罐 D-103。其中一部分冷凝液由 P-102A/B 泵打回流至解吸塔顶部，回流量 8.0t/h，由 FIC106 控制，其他部分作为 C_4 产品在液位控制（LIC105）下由 P-102A/B 泵抽出。塔釜 C_6 油在液位控制（LIC104）下，经贫富油换热器 E-103 和盐水冷却器 E-102 降温至 5℃返回至 C_6 油储罐 D-101 再利用，返回温度由温度控制器 TIC103 通过调节 E-102 循环冷却水流量控制。

T-102 塔釜温度由 TIC104 和 FIC108 通过调节塔釜再沸器 E-105 的蒸汽流量串级控制，控制温度 102℃。塔顶压力由 PIC105 通过调节塔顶冷凝器 E-104 的冷却水流量控制，另有一塔顶压力保护控制器 PIC104，在塔顶有凝气压力高时通过调节 D-103 放空量降压。

因为塔顶 C_4 产品中含有部分 C_6 油及其他 C_6 油损失，所以随着生产的进行，要定期观察 C_6 油储罐 D-101 的液位，补充新鲜 C_6 油。

解吸系统 DCS 和现场界面见图 3-7 和图 3-8。

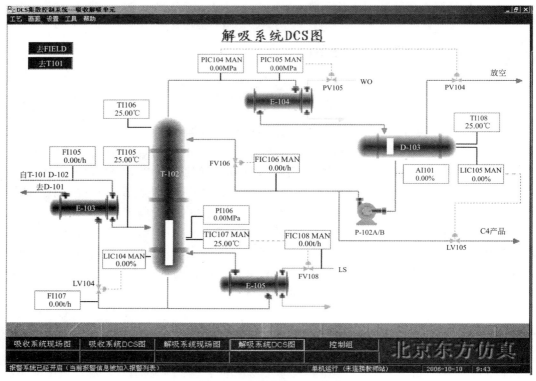

图 3-7　解吸系统 DCS 界面

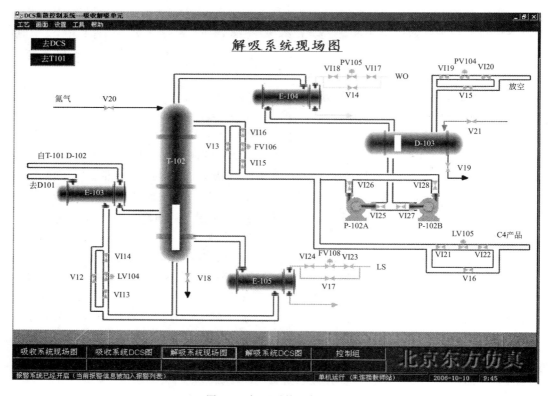

图 3-8　解吸系统现场界面

3.4.2　本单元复杂控制方案说明

吸收-解吸单元复杂控制回路主要是串级回路的使用，在吸收塔、解吸塔和产品罐中都使用了液位与流量串级回路。

串级回路是在简单调节系统基础上发展起来的。在结构上，串级回路调节系统有两个闭合回路。主、副调节器串联，主调节器的输出为副调节器的给定值，系统通过副调节器的输出操纵调节阀动作，实现对主参数的定值调节。所以，在串级回路调节系统中，主回路是定值调节系统，副回路是随动系统。

举例：在吸收塔 T-101 中，为了保证液位的稳定，有一塔釜液位与塔釜出料组成的串级回路。液位调节器的输出同时是流量调节器的给定值，即流量调节器 FIC104 的 SP 值由液位调节器 LIC101 的输出 OP 值控制，LIC101 的 OP 值的变化使 FIC104 的 SP 值产生相应的变化。

3.4.3　设备一览

T-101：吸收塔。

D-101：C_6 油储罐。

D-102：气液分离罐。

E-101：吸收塔顶冷凝器。

E-102：循环油冷却器。

P-101A/B：C_6 油供给泵。

T-102：解吸塔。

D-103：解吸塔顶回流罐。

E-103：贫富油换热器。

E-104：解吸塔顶冷凝器。

E-105：解吸塔釜再沸器。

P-102A/B：解吸塔顶回流、塔顶产品采出泵。

3.4.4　操作规程

3.4.4.1　开车操作规程

本操作规程仅供参考，详细操作以评分系统为准。

装置的开工状态为吸收-解吸塔系统均处于常温常压下，各调节阀处于手动关闭状态，各手操阀处于关闭状态，氮气置换已完毕，公用工程已具备条件，可以直接进行氮气充压。

（1）氮气充压

① 确认所有手阀处于关闭状态。

② 氮气充压

a. 打开氮气充压阀，给吸收塔系统充压。

b. 当吸收塔系统压力升至 1.0MPa（表）左右时，关闭氮气充压阀。

c. 打开氮气充压阀，给解吸塔系统充压。

d. 当吸收塔系统压力升至 0.5MPa（表）左右时，关闭氮气充压阀。

（2）进吸收油

① 确认

a. 系统充压已结束。

b. 所有手阀处于关闭状态。

② 吸收塔系统进吸收油

a. 打开引油阀 V9 至开度 50％左右，给 C_6 油储罐 D-101 充 C_6 油至液位 70％。

b. 打开 C_6 油供给泵 P-101A/B 的入口阀，启动 P-101A/B。

c. 打开 P-101A/B 出口阀，手动打开 FV103 阀至 30％左右，给吸收塔 T-101 充液至 50％。充油过程中注意观察 D-101 液位，必要时给 D-101 补充新油。

③ 解吸塔系统进吸收油

a. 手动打开调节阀 FV104 开度至 50％左右，给解吸塔 T-102 进吸收油至液位 50％。

b. 给 T-102 进油时注意给 T-101 和 D-101 补充新油，以保证 D-101 和 T-101 的液位均不低于 50％。

（3）C_6 油冷循环

① 确认

a. 储罐、吸收塔、解吸塔液位 50％左右。

b. 吸收塔系统与解吸塔系统保持合适压差。

② 建立冷循环

a. 手动逐渐打开调节阀 LV104，向 D-101 倒油。

b. 当向 D-101 倒油时，同时逐渐调整 FV104，以保持 T-102 液位在 50％左右，将 LIC104 设定在 50％投自动。

c. 由 T-101 至 T-102 油循环时，手动调节 FV103 以保持 T-101 液位在 50％左右，将 LIC101 设定在 50％投自动。

d. 手动调节 FV103，使 FRC103 保持在 13.50t/h，投自动，冷循环 10min。

（4）T-102 回流罐 D-103 灌 C_4　打开 V21 向 D-103 灌 C_4 至液位为 20％。

（5）C_6 油热循环

① 确认

a. 冷循环过程已经结束。

b. D-103 液位已建立。

② T-102 再沸器投用

a. 设定 TIC103 于 5℃，投自动。

b. 手动打开 PV105 至 70％。

c. 手动控制 PIC105 于 0.5MPa（表），待回流稳定后再投自动。

d. 手动打开 FV108 至 50％，开始给 T-102 加热。

③ 建立 T-102 回流

a. 随着 T-102 塔釜温度 TIC107 逐渐升高，C_6 油开始汽化，并在 E-104 中冷凝至回流罐 D-103。

b. 当塔顶温度高于 50℃时，打开 P-102A/B 泵的入出口阀 VI25/27、VI26/28，打

开 FV106 的前后阀，手动打开 FV106 至合适开度，维持塔顶温度高于 51℃。

c. 当 TIC107 温度指示达到 102℃时，将 TIC107 设定在 102℃投自动，TIC107 和 FIC108 投串级。

d. 热循环 10min。

（6）进富气

① 确认 C_6 油热循环已经建立。

② 进富气

a. 逐渐打开富气进料阀 V1，开始富气进料。

b. 随着 T-101 富气进料，塔压升高，手动调节 PIC103 使压力恒定在 1.2MPa（表）。当富气进料达到正常值后，设定 PIC103 于 1.2MPa（表），投自动。

c. 当吸收了 C_4 的富油进入解吸塔后，塔压将逐渐升高，手动调节 PIC105，维持 PIC105 在 0.5MPa（表），稳定后投自动。

d. 当 T-102 温度、压力控制稳定后，手动调节 FIC106 使回流量达到正常值 8.0t/h，投自动。

e. 观察 D-103 液位，液位高于 50％时，打开 LIV105 的前后阀，手动调节 LIC105 维持液位在 50％，投自动。

f. 将所有操作指标逐渐调整到正常状态。

3.4.4.2 正常操作规程

（1）正常工况操作参数

a. 吸收塔顶压力控制 PIC103：1.20MPa（表）。

b. 吸收油温度控制 TIC103：5.0℃。

c. 解吸塔顶压力控制 PIC105：0.50MPa（表）。

d. 解吸塔顶温度：51.0℃。

e. 解吸塔釜温度控制 TIC107：102.0℃。

（2）补充新油 因为塔顶 C_4 产品中含有部分 C_6 油及其他 C_6 油损失，所以随着生产的进行，要定期观察 C_6 油储罐 D-101 的液位，当液位低于 30％时，打开阀 V9 补充新鲜的 C_6 油。

（3）D-102 排液 生产过程中贫气中的少量 C_4 和 C_6 组分积累于尾气分离罐 D-102 中，定期观察 D-102 的液位，当液位高于 70％时，打开阀 V7 将凝液排放至解吸塔 T-102 中。

（4）T-102 塔压控制 正常情况下，T-102 的压力由 PIC105 通过调节 E-104 的冷却水流量控制。生产过程中会有少量不凝气积累于回流罐 D-103 中，使解吸塔系统压力升高，这时 T-102 顶部压力超高保护控制器 PIC104 会自动控制排放不凝气，维持压力不会超高。必要时可打手动，打开 PV104 至开度 1％～3％来调节压力。

3.4.4.3 停车操作规程

本操作规程仅供参考，详细操作以评分系统为准。

（1）停富气进料

a. 关富气进料阀 V1，停富气进料。

b. 富气进料中断后，T-101 塔压会降低，手动调节 PIC103，维持 T-101 压力＞

1.0MPa（表）。

  c. 手动调节 PIC105，维持 T-102 塔压力在 0.20MPa（表）左右。

  d. 维持 T-101→T-102→D-101 的 C_6 油循环。

（2）停吸收塔系统

① 停 C_6 油进料

a. 停 C_6 油泵 P-101A/B。

b. 关闭 P-101A/B 入出口阀。

c. FRC103 置手动，关 FV103 前后阀。

d. 手动关 FV103 阀，停 T-101 油进料。

此时应注意保持 T-101 的压力，压力低时可用 N_2 充压，否则 T-101 塔釜 C_6 油无法排出。

② 吸收塔系统泄油

a. LIC101 和 FIC104 置手动，FV104 开度保持 50％，向 T-102 泄油。

b. 当 LIC101 液位降至 0％时，关闭 FV108。

c. 打开 V7 阀，将 D-102 中的凝液排至 T-102 中。

d. 当 D-102 液位指示降至 0％时，关 V7 阀。

e. 关 V4 阀，中断盐水，停 E-101。

f. 手动打开 PV103，吸收塔系统泄压至常压，关闭 PV103。

（3）停解吸塔系统

① 停 C_4 产品出料 富气进料中断后，将 LIC105 置手动，关阀 LV105 及其前后阀。

② T-102 塔降温

a. TIC107 和 FIC108 置手动，关闭 E-105 蒸汽阀 FV108，停再沸器 E-105。

b. 停止 T-102 加热的同时，手动关闭 PIC105 和 PIC104，保持解吸系统的压力。

③ 停 T-102 回流

a. 再沸器停用，温度下降至泡点以下后，油不再汽化，当 D-103 液位 LIC105 指示小于 10％时，停回流泵 P-102A/B，关 P-102A/B 的入出口阀。

b. 手动关闭 FV106 及其前后阀，停 T-102 回流。

c. 打开 D-103 泄液阀 V19。

d. 当 D-103 液位指示下降至 0％时，关 V19 阀。

④ T-102 泄油

a. 手动置 LV104 于 50％，将 T-102 中的油倒入 D-101。

b. 当 T-102 液位 LIC104 指示下降至 10％时，关 LV104。

c. 手动关闭 TV103，停 E-102。

d. 打开 T-102 泄油阀 V18，T-102 液位 LIC104 下降至 0％时，关 V18。

⑤ T-102 泄压

a. 手动打开 PV104 至开度 50％，开始 T-102 系统泄压。

b. 当 T-102 系统压力降至常压时，关闭 PV104。

（4）吸收油储罐 D-101 排油

a. 当停 T-101 吸收油进料后，D-101 液位必然上升，此时打开 D-101 排油阀 V10

排污油。

b. 直至 T-102 中油倒空，D-101 液位下降至 0%，关 V10。

3.4.4.4 仪表及报警

仪表及报警见表 3-4。

表 3-4 仪表及报警一览表

位号	说明	类型	正常值	量程上限	量程下限	工程单位	高报	低报
AI101	回流罐 C_4 组分	AI	>95.0	100.0	0	%		
FI101	T-101 进料	AI	5.0	10.0	0	t/h		
FI102	T-101 塔顶气量	AI	3.8	6.0	0	t/h		
FRC103	吸收油流量控制	PID	13.50	20.0	0	t/h	16.0	4.0
FIC104	富油流量控制	PID	14.70	20.0	0	t/h	16.0	4.0
FI105	T-102 进料	AI	14.70	20.0	0	t/h		
FIC106	回流量控制	PID	8.0	14.0	0	t/h	11.2	2.8
FI107	T-101 塔底贫油采出	AI	13.41	20.0	0	t/h		
FIC108	加热蒸汽量控制	PID	2.963	6.0	0	t/h		
LIC101	吸收塔液位控制	PID	50	100	0	%	85	15
LI102	D-101 液位	AI	60.0	100	0	%	85	15
LI103	D-102 液位	AI	50.0	100	0	%	65	5
LIC104	解吸塔釜液位控制	PID	50	100	0	%	85	15
LIC105	回流罐液位控制	PID	50	100	0	%	85	15
PI101	吸收塔顶压力显示	AI	1.22	2.0	0	MPa	1.7	0.3
PI102	吸收塔底压力显示	AI	1.25	2.0	0	MPa		
PIC103	吸收塔顶压力控制	PID	1.2	2.0	0	MPa	1.7	0.3
PIC104	解吸塔顶压力控制	PID	0.55	1.0	0	MPa		
PIC105	解吸塔顶压力控制	PID	0.50	1.0	0	MPa		
PI106	解吸塔底压力显示	AI	0.53	1.0	0	MPa		
TI101	吸收塔塔顶温度	AI	6	40	0	℃		
TI102	吸收塔塔底温度	AI	40	100	0	℃		
TIC103	循环油温度控制	PID	5.0	50	0	℃	10.0	2.5
TI104	C_4 回收罐温度显示	AI	2.0	40	0	℃		
TI105	预热后温度显示	AI	80.0	150.0	0	℃		
TI106	吸收塔顶温度显示	AI	6.0	50	0	℃		
TIC107	解吸塔釜温度控制	PID	102.0	150.0	0	℃		
TI108	回流罐温度显示	AI	40.0	100	0	℃		

3.4.5 事故设置一览

下列事故处理操作仅供参考，详细操作以评分系统为准。

3.4.5.1 冷却水中断

现象：

（1）冷却水流量为 0。

（2）入口路各阀处于常开状态。

处理：

（1）停止进料，关 V1 阀。

（2）手动关 PV103 保压。

（3）手动关 FV104，停 T-102 进料。

（4）手动关 LV105，停出产品。

（5）手动关 FV103，停 T-101 回流。

（6）手动关 FV106，停 T-102 回流。

（7）关 LIC104 前后阀，保持液位。

3.4.5.2　加热蒸汽中断

现象：

（1）加热蒸汽管路各阀开度正常。

（2）加热蒸汽入口流量为 0。

（3）塔釜温度急剧下降。

处理：

（1）停止进料，关 V1 阀。

（2）停 T-102 回流。

（3）停 D-103 产品出料。

（4）停 T-102 进料。

（5）关 PV103 保压。

（6）关 LIC104 前后阀，保持液位。

3.4.5.3　仪表风中断

现象：各调节阀全开或全关。

处理：

（1）打开 FRC103 旁路阀 V3。

（2）打开 FIC104 旁路阀 V5。

（3）打开 PIC103 旁路阀 V6。

（4）打开 TIC103 旁路阀 V8。

（5）打开 LIC104 旁路阀 V12。

（6）打开 FIC106 旁路阀 V13。

（7）打开 PIC105 旁路阀 V14。

（8）打开 PIC104 旁路阀 V15。

（9）打开 LIC105 旁路阀 V16。

（10）打开 FIC108 旁路阀 V17。

3.4.5.4　停电

现象：

（1）泵 P-101A/B 停。

（2）泵 P-102A/B 停。

处理：

(1) 打开泄液阀 V10，保持 LI102 液位在 50%。

(2) 打开泄液阀 V19，保持 LI105 液位在 50%。

(3) 关小加热油流量，防止塔温上升过高。

(4) 停止进料，关 V1 阀。

3.4.5.5 P-101A 泵坏

现象：

(1) FRC103 流量降为 0。

(2) 塔顶 C_4 组成上升，温度上升，塔顶压上升。

(3) 釜液位下降。

处理：

(1) 停 P-101A。注意：先关泵后阀，再关泵前阀。

(2) 开启 P-101B。注意：先开泵前阀，再开泵后阀。

3.4.5.6 LIC104 调节阀卡住

现象：

(1) FI107 降至 0。

(2) 塔釜液位上升，并可能报警。

处理：

(1) 关 LIC104 前后阀 VI13、VI14。

(2) 开 LIC104 旁路阀 V12 至 60% 左右。

(3) 调整旁路阀 V12 开度，使液位保持在 50%。

3.4.5.7 换热器 E-105 结垢严重

现象：

(1) 调节阀 FIC108 开度增大。

(2) 加热蒸汽入口流量增大。

(3) 塔釜温度下降，塔顶温度也下降，塔釜 C_4 组成上升。

处理：

(1) 关闭富气进料阀 V1。

(2) 手动关闭产品出料阀 LIC102。

(3) 手动关闭再沸器后，清洗换热器 E-105。

3.4.6 思考题

3.4.6.1 选择题

1. 吸收操作的目的是分离（　　）。

A. 液体均相混合物　　B. 气液混合物

C. 气体混合物　　　　D. 部分互溶的液体混合物

2. 难溶气体的吸收是受（　　）。

A. 气膜控制　　　B. 液膜控制　　　C. 双膜控制　　　D. 相界面

3. 在吸收塔的计算中，通常不为生产任务所决定的是（　　　）。

A. 所处理的气体量　　　　　　　　B. 气体的初始和最终组成

C. 吸收剂的初始浓度　　　　　　　D. 吸收剂的用量和吸收液的浓度

4. 在吸收塔设计中，当吸收剂用量趋于最小用量时（　　　）。

A. 吸收率趋向最高　　　　　　　　B. 吸收推动力趋向最大

C. 操作最为经济　　　　　　　　　D. 填料层高度趋向无穷大

5. 设计中，最大吸收率η_{max}与（　　）无关。

A. 液气比　　　B. 吸收塔形式　　　C. 相平衡常数m　　　D. 液体入塔浓度X_2

6. 亨利定律适用的条件是（　　　）。

A. 气相总压一定，稀溶液

B. 常压下，稀溶液

C. 气相总压不超过 506.5kPa，溶解后的溶液是稀溶液

D. 气相总压不小于 506.5kPa，溶解后的溶液是稀溶液

7. 吸收塔内，不同截面处吸收速率（　　　）。

A. 各不相同　　　B. 基本相同　　　C. 完全相同　　　D. 均为 0

8. 在一符合亨利定律的气液平衡系统中，溶质在气相中的摩尔浓度与其在液相中的摩尔浓度的差值为（　　　）。

A. 正值　　　B. 负值　　　C. 零　　　D. 不确定

9. 只要组分在气相中心的分压（　　　）液相中该组分的平衡分压，吸收就会继续进行，直至达到一个新的平衡为止。

A. 大于　　　B. 小于　　　C. 等于　　　D. 不等于

10. 对于低浓度溶质的气液传质系统 A、B，在同样条件下，A 系统中的溶质的溶解度较 B 系统中的溶质的溶解度高，则它们的溶解度系数 H 之间的关系为（　　　）。

A. $H_A>H_B$　　　B. $H_A<H_B$　　　C. $H_A=H_B$　　　D. 不确定

11. 对于低浓度溶质的气液传质系统 A、B，在同样条件下，A 系统中的溶质的溶解度较 B 系统中的溶质的溶解度大，则它们的相平衡常数 m 之间的关系为（　　　）。

A. $m_A>m_B$　　　B. $m_A<m_B$　　　C. $m_A=m_B$　　　D. 不确定

12. 下列不为双膜理论基本要点的是（　　　）。

A. 气、液两相有一稳定的相界面，两侧分别存在稳定的气膜和液膜

B. 吸收质是以分子扩散的方式通过两膜层的，阻力集中在两膜层内

C. 气、液两相主体内流体处于湍动状态

D. 在气、液两相主体中，吸收质的组成处于平衡状态

13. 下列叙述错误的是（　　　）。

A. 对于给定物系，影响吸收操作的只有温度和压力

B. 亨利系数 E 仅与物系及温度有关，与压力无关

C. 吸收操作的推动力既可表示为（$Y-Y^*$），也可表示为（X^*-X）

D. 降低温度对吸收操作有利，吸收操作最好在低于常温下进行

14. 吸收操作中，当 $X^*>X$ 时，（　　　）。

A. 发生解吸过程　　　B. 解吸推动力为零　　　C. 发生吸收过程　　　D. 吸收推动力

为零

15. 根据双膜理论，当溶质在液体中的溶解度很小时，以液相表示的总传质系数将（　　）。

A. 大于液相传质分系数　　B. 近似等于液相传质分系数　　C. 小于气相传质分系数　　D. 近似等于气相传质分系数

16. 根据双膜理论，当溶质在液体中溶解度很大时，以气相表示的总传质系数将（　　）。

A. 大于液相传质分系数　　B. 近似等于液相传质分系数　　C. 小于气相传质分系数　　D. 近似等于气相传质分系数

17. 气相吸收总速率方程式中，下列叙述正确的是（　　）。

A. 吸收总系数只与气膜有关，与液膜无关

B. 气相吸收总系数的倒数为气膜阻力

C. 推动力与界面浓度无关

D. 推动力与液相浓度无关

18. 操作中的吸收塔，当其他操作条件不变时，仅降低吸收剂入塔浓度，则吸收率将（　　）。

A. 增大　　B. 减小　　C. 不变　　D. 不确定

19. 低浓度逆流吸收操作中，若其他操作条件不变，仅增加入塔气量，则气相总传质单元数 NOG 将（　　）。

A. 增大　　B. 减小　　C. 不变　　D. 不确定

20. 在吸收操作中，吸收塔某一截面上的总推动力（以液相组成差表示）为（　　）。

A. $X^* - X$　　B. $X - X^*$　　C. $X_i - X$　　D. $X - X_i$

21. 在吸收操作中，吸收塔某一截面上的总推动力（以气相组成差表示）为（　　）。

A. $Y^* - Y$　　B. $Y - Y^*$　　C. $Y_i - Y$　　D. $Y - Y_i$

22. 在逆流吸收塔中，用清水吸收混合气中的溶质组分，其液气比 L/V 为2.7，平衡关系可表示为 $Y = 1.5X$（Y、X 为摩尔比），溶质的回收率为90%，则液气比与最小液气比的比值为（　　）。

A. 1.5　　B. 1.8　　C. 2　　D. 3

23. 在吸收塔设计中，当吸收剂用量趋于最小用量时，（　　）。

A. 回收率趋向最高

B. 吸收推动力趋向最大

C. 操作最为经济

D. 填料层高度趋向无穷大

24. 吸收操作中，当物系的状态点处于平衡线的下方时，（　　）。

A. 发生吸收过程

B. 吸收速率为零

C. 发生解吸过程

D. 其他条件相同，状态点距平衡线越远，吸收越易进行

25. 吸收操作中，最小液气比（　　）。

A. 在生产中可以达到

B. 是操作线的斜率

C. 均可用公式进行计算

D. 可作为选择适宜液气比的依据

26. 吸收操作中的最小液气比的求取（   ）。

A. 只可用图解法   B. 只可用公式计算   C. 全可用图解法   D. 全可用公式计算

27. 吸收操作中，增大吸收剂用量使（   ）。

A. 设备费用增大，操作费用减小

B. 设备费用减小，操作费用增大

C. 设备费用和操作费用均增大

D. 设备费用和操作费用均减小

28. 逆流吸收操作线（   ）。

A. 表明塔内任一截面上气、液两相的平衡组成关系

B. 在 X-Y 图中是一条曲线

C. 在 X-Y 图中的位置一定位于平衡线的上方

D. 在 X-Y 图中的位置一定位于平衡线的下方

29. 吸收操作中，完成指定的生产任务，采取的措施能使填料层高度降低的是（   ）。

A. 用并流代替逆流操作

B. 减少吸收剂中溶质的量

C. 减少吸收剂用量

D. 吸收剂循环使用

30. 关于适宜液气化选择的叙述，错误的是（   ）。

A. 不受操作条件变化的影响

B. 不能小于最小液气比

C. 要保证填料层的充分湿润

D. 应使设备费用和操作费用之和最小

31. 吸收塔尾气超标，可能的原因是（   ）。

A. 塔压增大   B. 吸收剂降温   C. 吸收剂用量增大   D. 吸收剂纯度下降

32. 吸收操作气速一般（   ）。

A. 大于泛点气速

B. 大于泛点气速，而小于载点气速

C. 小于载点气速

D. 大于载点气速，而小于泛点气速

33. 在常压下，用水逆流吸收空气中的二氧化碳，若用水量增加，则出口液体中的二氧化碳浓度将（   ）。

A. 变大   B. 变小   C. 不变   D. 不确定

34. 吸收过程产生液泛现象的主要原因是（   ）。

A. 液体流速过大   B. 液体加入量不当   C. 气体速度过大   D. 温度控制

不当

35. 吸收塔中进行吸收操作时，（　　　）。

A. 应先通入气体，后进入喷淋液体

B. 应先进入喷淋液体，后通入气体

C. 应先进气体或液体都可以

D. 增大喷淋量总是有利于吸收操作

36. 对易溶气体的吸收处理，为较显著地提高吸收速率，应增大（　　　）的流速。

A. 气相　　B. 液相　　C. 气液两相　　D. 视具体情况而定

37. 对于逆流操作的吸收塔，其他条件不变，当吸收剂用量趋于最小用量时，则（　　　）。

A. 吸收推动力最大　　　　　　　　B. 吸收率最高

C. 吸收液浓度趋于最低　　　　　　D. 吸收液浓度趋于最高

38. 吸收在逆流操作中，其他条件不变，只减小吸收剂用量（能正常操作），将引起（　　　）。

A. 操作线斜率增大　　　　　　　　B. 塔底溶液出口浓度降低

C. 吸收推动力减小　　　　　　　　D. 尾气浓度减小

39. 吸收操作过程中，在塔的负荷范围内，当混合气处理量增大时，为保持回收率不变，可采取的措施有（　　　）。

A. 降低操作温度　　　　　　　　　B. 减少吸收剂用量

C. 降低填料层高度　　　　　　　　D. 降低操作压力

40. 其他条件不变，吸收剂用量增加，填料塔压力降（　　　）。

A. 减小　　B. 不变　　C. 增大　　D. 视具体情况而定

41. 吸收时，气体进气管管端向下切成 $45°$ 倾斜角，其目的是防止（　　　）。

A. 气体被液体夹带出塔

B. 塔内向下流动液体进入管内

C. 气液传质不充分

D. 液泛

42. 吸收塔底吸收液出料管采用 U 形管的目的是（　　　）。

A. 防止气相短路

B. 保证液相组成符合要求

C. 为了热膨胀

D. 为了连接管道的需要

43. 除沫装置在吸收填料塔中的位置通常为（　　　）。

A. 液体分布器上方　　　　　　　　B. 液体分布器下方

C. 填料压板上方　　　　　　　　　D. 任一装置均可

44. 某低浓度气体溶质被吸收时的平衡关系服从亨利定律，且 $K_Y = 3 \times 10^{-5}$ kmol/$(m^2 \cdot s)$，$K_X = 8 \times 10^{-5}$ kmol/$(m^2 \cdot s)$，$m = 0.36$，则该过程（　　　）。

A. 是气膜阻力控制

B. 是液膜阻力控制

C. 气、液两膜阻力均不可忽略

D. 无法判断

45. 下列叙述正确的是（　　　）。

A. 液相吸收总系数的倒数是液膜阻力

B. 增大难溶气体的流速，可有效地提高吸收速率

C. 在吸收操作中，往往通过提高吸收质在气相中的分压来提高吸收速率

D. 增大气液接触面积不能提高吸收速率

46. 某吸收过程中，已知气膜吸收系数 $K_Y = 4 \times 10^{-4}\,kmol/(m^2 \cdot s)$，液膜吸收系数 $K_X = 8 \times 10^{-4}\,kmol/(m^2 \cdot s)$。由此可判断该过程（　　　）。

A. 为气膜控制　　　B. 为液膜控制　　　C. 为双膜控制　　　D. 判断依据不足

47. 下列说法错误的是（　　　）。

A. 溶解度系数 H 值很大，为易溶气体

B. 相平衡常数 m 值很大，为难溶气体

C. 亨利系数 E 值很大，为易溶气体

D. 亨利系数 E 值很大，为难溶气体

48. 能改善液体壁流现象的装置是（　　　）。

A. 填料支承　　　B. 液体分布　　　C. 液体再分布　　　D. 除沫

49. 低浓度逆流吸收操作中，若其他入塔条件不变，仅增大入塔气体浓度 Y_1，则出塔气体浓度 Y_2 将（　　　）。

A. 增大　　　B. 减小　　　C. 不变　　　D. 不确定

3.4.6.2　简答题

1. 吸收-解吸仿真单元中，吸收段流程压力为什么要比解吸段压力高？试从操作原理和本单元操作特点来分析。

2. 在吸收-解吸仿真单元中，从全流程能量合理利用角度分析两个换热器 E-103 和 E-102 顺序安排及原因。

3. 吸收-解吸仿真单元中，在开车、停车过程中引入 N_2 的作用是什么？

4. 吸收-解吸仿真单元操作时，若发现富油无法进入解吸塔，原因有哪些？应如何调整？

5. 在操作吸收-解吸仿真单元中，正常停车时，如发现吸收塔的富油无法排出，应如何调整？

6. 吸收-解吸仿真单元操作时，如加热蒸汽中断，应如何处理？

7. 吸收-解吸仿真单元中，C_6 油储罐进料阀为一手操阀。有没有必要在此设一个调节阀，使进料操作自动化？

8. 结合本单元的具体情况，说明串级控制的工作原理。

9. 假如本单元的操作已经平稳，这时吸收塔的进料富气温度突然升高，分析会导致什么现象发生？如果造成系统不稳定，吸收塔的塔顶压力上升（塔顶 C_4 增加），有几种手段将系统调节至正常？

10. 请分析本单元流程的串级控制。如果请你来设计，还有哪些变量可以通过串级调节控制？这样做的优点是什么？

3.5 精馏塔单元3D仿真

3.5.1 工艺简介

本流程是利用精馏方法，在脱丁烷塔中将丁烷从脱丙烷塔釜混合物中分离出来。精馏是将液体混合物部分汽化，利用其中各组分相对挥发度的不同，通过液相和气相间的质量传递来实现对混合物的分离。本装置中将脱丙烷塔釜混合物部分汽化，由于丁烷的沸点较低，即其挥发度较高，故丁烷易于从液相中汽化出来，再将汽化的蒸气冷凝，可得到丁烷组成高于原料的混合物，经过多次汽化冷凝，即可达到分离混合物中丁烷的目的。

原料为 67.8℃ 脱丙烷塔的釜液（主要有 C_4、C_5、C_6、C_7 等），由脱丁烷塔（DA405）的第 16 块板进料（全塔共 32 块板），进料量由流量控制器 FIC101 控制。灵敏板温度由调节器 TC101 通过调节再沸器加热蒸汽的流量，来控制提馏段灵敏板温度，从而控制丁烷的分离质量。

脱丁烷塔塔釜液（主要为 C_5 以上馏分）一部分作为产品采出，一部分经再沸器（EA408A/B）部分汽化为蒸气从塔底上升。塔釜的液位和塔釜产品采出量由 LC101 和 FC102 组成的串级控制器控制。再沸器采用低压蒸汽加热。塔釜蒸汽缓冲罐（FA414）液位由液位控制器 LC102 调节底部采出量控制。

塔顶的上升蒸气（C_4 馏分和少量 C_5 馏分）经塔顶冷凝器（EA419）全部冷凝成液体，该冷凝液靠位差流入回流罐（FA408）。塔顶压力 PC102 采用分程控制：在正常的压力波动下，通过调节塔顶冷凝器的冷却水量来调节压力，当压力超高时，压力报警系

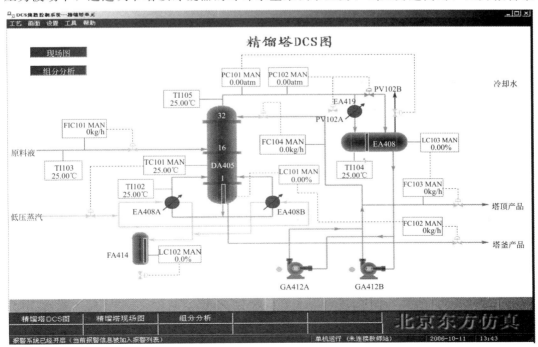

图 3-9 精馏塔 DCS 界面图

统发出报警信号，PC102 调节塔顶至回流罐的排气量来控制塔顶压力，调节气相出料。操作压力 4.25atm（表），高压控制器 PC101 将调节回流罐的气相排放量，来控制塔内压力稳定。冷凝器以冷却水为载热体。回流罐液位由液位控制器 LC103 调节塔顶产品采出量来维持恒定。回流罐中的液体一部分作为塔顶产品送下一工序，另一部分液体由回流泵（GA412A/B）送回塔顶作为回流，回流量由流量控制器 FC104 控制。

该精馏单元工艺流程见图 3-9 和图 3-10。

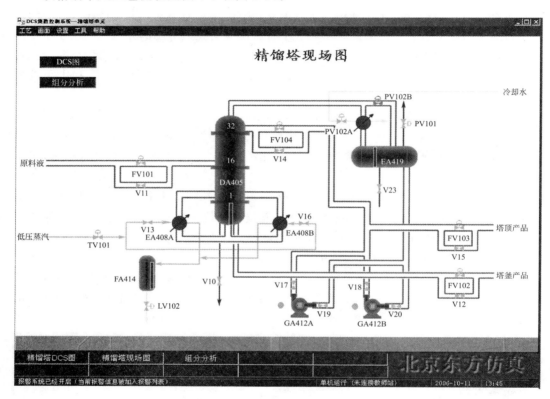

图 3-10　精馏塔现场界面

3.5.2　本单元复杂控制方案说明

精馏单元复杂控制回路主要是串级回路的使用，在塔釜和储液罐中都使用了液位与流量串级回路。

串级回路是在简单调节系统基础上发展起来的。在结构上，串级回路调节系统有两个闭合回路。主、副调节器串联，主调节器的输出为副调节器的给定值，系统通过副调节器的输出操纵调节阀动作，实现对主参数的定值调节。所以在串级回路调节系统中，主回路是定值调节系统，副回路是随动系统。

分程控制就是由一只调节器的输出信号控制两只或更多的调节阀，每只调节阀在调节器的输出信号的某段范围内工作。

具体实例：

DA405 的塔釜液位控制 LC101 和塔釜出料 FC102 构成一串级回路。FC102.SP 随 LC101.OP 的改变而变化。

PIC102 为一分程控制器，分别控制 PV102A 和 PV102B，当 PC102.OP 逐渐开大时，PV102A 从 0％逐渐开大到 100％，而 PV102B 从 100％逐渐关小至 0％。

3.5.3　设备一览

DA405：脱丁烷塔。

EA419：塔顶冷凝器。

FA408：塔顶回流罐。

GA412A/B：回流泵。

EA408A/B：塔釜再沸器。

FA414：塔釜蒸汽缓冲罐。

3.5.4　精馏单元操作规程

3.5.4.1　冷态开车操作规程

本操作规程仅供参考，详细操作以评分系统为准。

装置冷态开工状态为精馏塔单元处于常温、常压氮吹扫完毕后的氮封状态，所有阀门、机泵处于关停状态。

（1）进料过程

a. 开 FA408 顶放空阀 PC101 排放不凝气，稍开 FIC101 调节阀（不超过 20％），向精馏塔进料。

b. 进料后，塔内温度略升，压力升高。当压力 PC101 升至 0.5atm（表）时，关闭 PC101 调节阀投自动，并控制塔压不超过 4.25atm（表）（如果塔内压力大幅波动，改回手动调节稳定压力）。

（2）启动再沸器

a. 当压力 PC101 升至 0.5atm（表）时，打开冷凝水 PC102 调节阀至 50％。塔压基本稳定在 4.25atm（表）后，可加大塔进料（FIC101 开至 50％左右）。

b. 待塔釜液位 LC101 升至 20％以上时，开加热蒸汽入口阀 V13，再稍开 TC101 调节阀，给再沸器缓慢加热，并调节 TC101 阀开度，使塔釜液位 LC101 维持在 40％～60％。待 FA414 液位 LC102 升至 50％时投自动，设定值为 50％。

（3）建立回流　随着塔进料增加和再沸器、冷凝器的投用，塔压会有所升高，回流罐逐渐积液。

a. 塔压升高时，通过开大 PC102 的输出，改变塔顶冷凝器冷却水量和旁路量来控制塔压稳定。

b. 当回流罐液位 LC103 升至 20％以上时，先开回流泵 GA412A/B 的入口阀 V19，再启动泵，再开出口阀 V17，启动回流泵。

c. 通过 FC104 的阀开度控制回流量，维持回流罐液位不超高，同时逐渐关闭进料，全回流操作。

（4）调整至正常

a. 当各项操作指标趋近正常值时，打开进料阀 FIC101。

b. 逐步调整进料量 FIC101 至正常值。

c. 通过 TC101 调节再沸器加热量，使灵敏板温度 TC101 达到正常值。

d. 逐步调整回流量 FC104 至正常值。

e. 开 FC103 和 FC102 出料，注意塔釜、回流罐液位。

f. 将各控制回路投自动，各参数稳定并与工艺设计值吻合后，投产品采出串级。

3.5.4.2 正常操作规程

本操作规程仅供参考，详细操作以评分系统为准。

（1）正常工况下的工艺参数

a. 进料流量 FIC101 设为自动，设定值为 14056kg/h。

b. 塔釜采出量 FC102 设为串级，设定值为 7349kg/h，LC101 设自动，设定值为 50%。

c. 塔顶采出量 FC103 设为串级，设定值为 6707kg/h。

d. 塔顶回流量 FC104 设为自动，设定值为 9664kg/h。

e. 塔顶压力 PC102 设为自动，设定值为 4.25atm（表），PC101 设自动，设定值为 5atm（表）。

f. 灵敏板温度 TC101 设为自动，设定值为 89.3℃。

g. FA414 液位 LC102 设为自动，设定值为 50%。

h. 回流罐液位 LC103 设为自动，设定值为 50%。

（2）主要工艺生产指标的调整方法

a. 质量调节　本系统的质量调节采用以提馏段灵敏板温度作为主参数，以再沸器和加热蒸汽流量的调节系统，以实现对塔的分离质量控制。

b. 压力控制　在正常的压力情况下，由塔顶冷凝器的冷却水量来调节压力，当压力高于操作压力 4.25atm（表）时，压力报警系统发出报警信号，同时调节器 PC101 将调节回流罐的气相出料。为了保持同气相出料的相对平衡，该系统采用压力分程调节。

c. 液位调节　塔釜液位由调节塔釜的产品采出量来维持恒定，设有高低液位报警。回流罐液位由调节塔顶产品采出量来维持恒定，设有高低液位报警。

d. 流量调节　进料量和回流量都采用单回路的流量控制，再沸器加热介质流量由灵敏板温度调节。

3.5.4.3 停车操作规程

（1）降负荷

a. 逐步关小 FIC101 调节阀，降低进料至正常进料量的 70%。

b. 在降负荷过程中，保持灵敏板温度 TC101 的稳定性和塔压 PC102 的稳定，使精馏塔分离出合格产品。

c. 在降负荷过程中，尽量通过 FC103 排出回流罐中的液体产品，至回流罐液位 LC104 在 20% 左右。

d. 在降负荷过程中，尽量通过 FC102 排出塔釜产品，使 LC101 降至 30% 左右。

（2）停进料和再沸器　在负荷降至正常的 70%，且产品已大部分采出后，停进料和再沸器。

a. 关 FIC101 调节阀，停精馏塔进料。

b. 关 TC101 调节阀和 V13 阀或 V16 阀，停再沸器的加热蒸汽。

c. 关 FC102 调节阀和 FC103 调节阀，停止产品采出。

d. 打开塔釜泄液阀 V10，排出不合格产品，并控制塔釜降低液位。

e. 手动打开 LC102 调节阀，对 FA114 泄液。

（3）停回流

a. 停进料和再沸器后，回流罐中的液体全部通过回流泵打入塔，以降低塔内温度。

b. 当回流罐液位至 0 时，关 FC104 调节阀，关泵出口阀 V17（或 V18），停泵 GA412A（或 GA412B），关入口阀 V19（或 V20），停回流。

c. 开泄液阀 V10，排净塔内液体。

（4）降压、降温

a. 打开 PC101 调节阀，将塔压降至接近常压后，关 PC101 调节阀。

b. 全塔温度降至 50℃ 左右时，关塔顶冷凝器的冷却水（PC102 的输出至 0）。

3.5.4.4   仪表

仪表一览表见表 3-5。

表 3-5   仪表一览表

位号	说明	类型	正常值	量程高限	量程低限	工程单位
FIC101	塔进料量控制	PID	14056.0	28000.0	0.0	kg/h
FC102	塔釜采出量控制	PID	7349.0	14698.0	0.0	kg/h
FC103	塔顶采出量控制	PID	6707.0	13414.0	0.0	kg/h
FC104	塔顶回流量控制	PID	9664.0	19000.0	0.0	kg/h
PC101	塔顶压力控制	PID	0.45	0.85	0.0	atm
PC102	塔顶压力控制	PID	0.425	0.85	0.0	atm
TC101	灵敏板温度控制	PID	89.3	190.0	0.0	℃
LC101	塔釜液位控制	PID	50.0	100.0	0.0	%
LC102	塔釜蒸汽缓冲罐液位控制	PID	50.0	100.0	0.0	%
LC103	塔顶回流罐液位控制	PID	50.0	100.0	0.0	%
TI102	塔釜温度	AI	109.3	200.0	0.0	℃
TI103	进料温度	AI	67.8	100.0	0.0	℃
TI104	回流温度	AI	39.1	100.0	0.0	℃
TI105	塔顶气温度	AI	46.5	100.0	0.0	℃

3.5.5   事故设置一览

下列事故处理操作仅供参考，详细操作以评分系统为准。

3.5.5.1   加热蒸汽压力过高

原因：加热蒸汽压力过高。

现象：加热蒸汽的流量增大，塔釜温度持续上升。

处理：适当减小 TC101 的阀门开度。

3.5.5.2　加热蒸汽压力过低

原因：加热蒸汽压力过低。

现象：加热蒸汽的流量减小，塔釜温度持续下降。

处理：适当增大 TC101 的开度。

3.5.5.3　冷凝水中断

原因：停冷凝水。

现象：塔顶温度上升，塔顶压力升高。

处理：

(1) 开回流罐放空阀 PC101 保压。

(2) 手动关闭 FC101，停止进料。

(3) 手动关闭 TC101，停加热蒸汽。

(4) 手动关闭 FC103 和 FC102，停止产品采出。

(5) 开塔釜排液阀 V10，排不合格产品。

(6) 手动打开 LIC102，对 FA114 泄液。

(7) 当回流罐液位为 0 时，关闭 FIC104。

(8) 关闭回流泵出口阀 V17/V18。

(9) 关闭回流泵 GA424A/B。

(10) 关闭回流泵入口阀 V19/V20。

(11) 待塔釜液位为 0 时，关闭泄液阀 V10。

(12) 待塔顶压力降为常压后，关闭冷凝器。

3.5.5.4　停电

原因：停电。

现象：回流泵 GA412A 停止，回流中断。

处理：

(1) 手动开回流罐放空阀 PC101 泄压。

(2) 手动关进料阀 FIC101。

(3) 手动关出料阀 FC102 和 FC103。

(4) 手动关加热蒸汽阀 TC101。

(5) 开塔釜排液阀 V10 和回流罐泄液阀 V23，排不合格产品。

(6) 手动打开 LIC102，对 FA114 泄液。

(7) 当回流罐液位为 0 时，关闭 V23。

(8) 关闭回流泵出口阀 V17/V18。

(9) 关闭回流泵 GA424A/B。

(10) 关闭回流泵入口阀 V19/V20。

(11) 待塔釜液位为 0 时，关闭泄液阀 V10。

(12) 待塔顶压力降为常压后，关闭冷凝器。

3.5.5.5 回流泵故障

原因：回流泵 GA412A 坏。

现象：GA412A 断电，回流中断，塔顶压力、温度上升。

处理：

（1）开备用泵入口阀 V20。

（2）启动备用泵 GA412B。

（3）开备用泵出口阀 V18。

（4）关闭运行泵出口阀 V17。

（5）停运行泵 GA412A。

（6）关闭运行泵入口阀 V19。

3.5.5.6 回流控制阀 FC104 阀卡住

原因：回流控制阀 FC104 阀卡住。

现象：回流量减小，塔顶温度上升，压力增大。

处理：打开旁路阀 V14，保持回流。

3.5.6 思考题

（1）何为精馏？精馏在化工生产中的作用是什么？其分离依据又是什么？

（2）典型的精馏过程有哪些主要设备？

（3）典型的精馏过程，为什么在塔顶一定有回流，在塔底一定有再沸器？

（4）精馏仿真单元中回流量过大，精馏塔塔顶温度、压力及塔底液位会发生什么变化？对产品分离又有什么影响？

（5）何为灵敏板？灵敏板温度过高，分离效果将如何？结合精馏仿真单元，有哪些措施可将灵敏板温度调至正常？

（6）试分析精馏塔塔顶压力过高的原因。结合精馏仿真实训单元，可采取哪些措施将压力调至正常？

（7）精馏过程中，哪些参数可用来控制产品质量？

（8）在本单元中，如果塔顶温度、压力都超过标准，可用什么方法将系统调节稳定？

（9）当系统在一较高负荷时突然出现大的波动和不稳定状态后，为什么要将系统降到一低负荷的稳态，再重新开到高负荷？

（10）请分析本单元中如何通过分程控制来调节精馏塔正常操作压力的。

（11）根据本单元的实际，说明串级控制的工作原理和操作方法。

3.6 软件介绍

3.6.1 启动方式

（1）双击电脑桌面上该图标（见图 3-11）启动软件。

（2）点击"培训工艺"和"培训项目"（图 3-12），根据教学学习需要点选某一培训项目，然后点击"启动项目"启动软件。

图 3-11　化工单元实习仿真软件 CSTS

图 3-12　培训参数选择

3.6.2　软件运行界面

3D 场景仿真系统运行界面见图 3-13，操作质量评分系统运行界面见图 3-14。

3.6.3　3D 场景仿真系统介绍

3.6.3.1　移动方式

① 按住 W、S、A、D 键可控制当前角色向前、后、左、右移动。

② 按住 Q、E 键可进行角色视角左转、右转。

图 3-13 3D 场景仿真系统运行界面

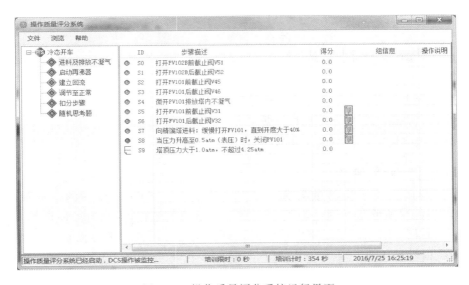

图 3-14 操作质量评分系统运行界面

③ 点击 R 键或功能钮中"走跑切换"按钮可控制角色进行走、跑切换。

④ 鼠标右键点击一个地点，当前角色可瞬移到该位置。

3.6.3.2 视野调整

用户在操作软件过程中，所能看到的场景都是由摄像机来拍摄的，摄像机跟随当前控制角色（如培训学员）。所谓视野调整，即摄像机位置的调整。

① 按住鼠标左键在屏幕上向左或向右拖动，可调整操作者视野（即摄像机位置）

向左转或是向右转，但当前角色并不跟随场景转动。

②按住鼠标左键在屏幕上向上或向下拖动，可调整操作者视野（即摄像机位置）向上转或是向下转，相当于抬头或低头的动作。

③滑动鼠标滚轮向前或是向后转动，可调整摄像机与角色之间的距离变化。

3.6.3.3 视角切换

点击空格键即可切换视角，在默认人物视角和全局视角间切换。

3.6.3.4 操作阀门

当控制角色移动到目标阀门附近时，鼠标悬停在阀门上，此阀门会闪烁，代表可以操作阀门。如果距离较远，即使将鼠标悬停在阀门位置，阀门也不会闪烁，代表距离太远，不能操作。

①左键双击闪烁阀门，可进入操作界面。

②在操作界面上方有操作框，点击后进行开关操作，同时阀门手轮或手柄会相应转动。

③按住上、下、左、右方向键，可调整摄像机以当前阀门为中心进行上、下、左、右的旋转。

④滑动鼠标滚轮，可调整摄像机与当前阀门的距离。

⑤单击右键，退出阀门操作界面。

3.6.3.5 查看仪表

当控制角色移动到目标仪表附近时，鼠标悬停在仪表上，此仪表会闪烁，说明可以查看仪表。如果距离较远，即使将鼠标悬停在仪表位置，仪表也不会闪烁，说明距离太远，不可观看。

①左键双击闪烁仪表，可进入操作界面。

②在仪表界面上有相应的实时数据显示，如温度、压力等。

③点击关闭标识，退出仪表显示界面。

3.6.3.6 操作电源控制面板

电源控制面板位于实验装置旁，可根据设备名称找到该设备的电源面板（见图 3-15）。当控制角色移动到电源控制面板目标电源附近时，鼠标悬停在该电源面板上，此电源面板会闪烁，出现相应设备的位号，说明可以操作电源面板。如果距离较远，即使将鼠标悬停在电源面板位置，电源面板也不会闪烁，代表距离太远，不能操作。

①在操作面板界面上双击绿色按钮，开启相应设备，同时绿色按钮会变亮。

②在操作面板界面上双击红色按钮，关闭相应设备，同时绿色按钮会变暗。

③按住上、下、左、右方向键，可调整摄像机以当前控制面板为中心进行上、下、左、右的旋转。

④滑动鼠标滚轮，可调整摄像机与当前电源面板的距离。

3.6.3.7 知识点

本单元操作介绍了精馏塔所用到的主要设备及阀门，在 2D 界面有知识点的按钮，也可从 3D 中控室中双击电脑屏幕调出知识点界面。

3.6.3.8　功能钮介绍

点击某功能钮后弹出一个界面，再次点击该功能钮，界面消失。下面介绍操作中几个常用的功能钮（见图 3-16）。

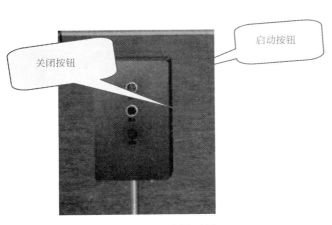

图 3-15　电源面板　　　　　　　　　　图 3-16　功能钮

（1）查找功能　在图 3-16 中左键点击查找功能钮（ 查找 ），弹出查找框（见图 3-17）。该按钮适用于查找知道阀门位号，不知道阀门位置的情况。

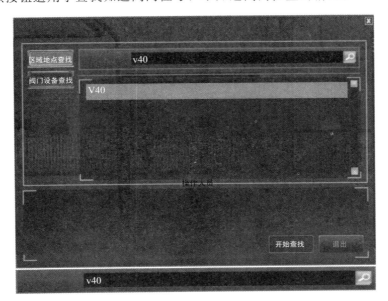

图 3-17　查找框

① 查找框上部为搜索区，在搜索栏内输入目标阀门位号，如 VA40，按回车或 🔍 开始搜索，在显示区将显示出此阀门位号。也可直接点击 🔍，在显示区将显示出所有阀门位号。

② 查找框中部（见图 3-18）为显示区，显示搜索到的阀门位号。

V40

图 3-18　中部显示区

③ 查找框下部为操作确认区，选中目标阀门位号，点击"开始查找"（开始查找　退出）按钮，进入到查找状态。若点击退出，则取消此操作。

④ 进入查找状态后，主场景画面会切换到目标阀门的近景图（见图 3-19），可大概查看周边环境，点击右键可退出阀门近景图。

主场景中当前角色头顶出现绿色指引箭头，实施指向目标阀门方向，到达目标阀门位置后，指引箭头消失。

图 3-19　目标阀门的近景图

（2）演示功能　在图 3-16 中左键点击"演示"（演示）功能钮，即开始播放间歇釜反应单元的动画，动画中介绍了软件的工艺、设备及物料流动过程。

（3）手册功能　在图 3-16 中左键点击"手册"（手册）功能钮，即弹出软件的操作手册，便于了解软件的使用。

（4）帮助功能　在图 3-16 中左键点击"帮助"（帮助）功能钮，会出现如图 3-20 所示的操作帮助。

a. 按住 W、S、A、D 键可控制当前角色向前、后、左、右移动。

b. 空格键可进行高空视角切换，可以配合鼠标右键瞬移。

c. 按住 Q、E 键可进行左转弯与右转弯。

d. 点击 R 键或功能钮中"走跑切换"按钮可控制角色进行走、跑切换。

e. 按住鼠标左键在屏幕上向左或向右拖动，可调整操作者视野（即摄像机位置）

向左转或是向右转，但当前角色并不跟随场景转动。

　　f. 点击鼠标右键可实现瞬移。

　　g. 通过鼠标左键点击左上角人物头像，可以切换当前角色。

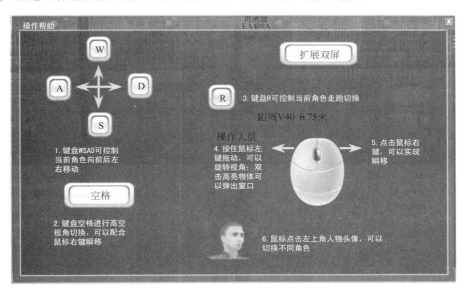

图3-20　操作者行进图

　　（5）视角功能　在图3-16中左键点击"视角"（ 视角 ）功能钮，视角功能中保存了各个视角，点击不同视角可以从不同角度观察3D环境（见图3-21）。

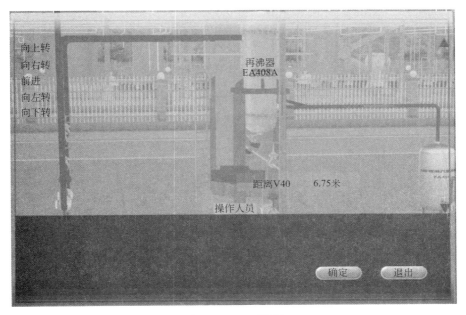

图3-21　3D环境图

　　（6）地图功能　在图3-16中左键点击"地图"（ 地图 ）功能钮，地图功能主要展现了厂区的环境和主要的操作区域。

第4章 典型化工产品生产工艺3D虚拟现实仿真

4.1 合成氨工艺3D虚拟现实仿真

4.1.1 工艺原理

4.1.1.1 氨的理化性质

（1）在常温常压下为气态，有特殊刺激性气味，加压时易被液化为无色液体，不纯时为淡黄色或淡蓝色。

（2）临界点：临界温度为132.4℃，临界压力为10.9MPa，临界密度为235kg/m^3。

（3）密度：$d_{20} = 667$kg/m^3。

（4）冰点：-77.7℃。

（5）沸点：-33.4℃。

（6）燃点：651℃。

（7）溶解度：氨易溶于水、乙醇和乙醚，常温常压下溶解度约700L氨/L水。

（8）当氨溶于水时会放出热量，每生成1kg 20%（质量分数）氨水溶液，约释放出0.4187MJ的热量。

（9）纯液氨显中性，是碘、磷、硫及其他有机化合物的良好溶剂。

（10）氨在空气中与氧化合燃烧呈现黄绿色火焰，主要反应如下：

$$4NH_3 + 3O_2 \longrightarrow 2N_2 + 6H_2O$$

有催化剂存在时：

$$4NH_3 + 5O_2 \longrightarrow 4NO + 6H_2O$$

（11）在高温及催化剂作用下，氨分解：

$$2NH_3 \longrightarrow N_2 + 3H_2$$

（12）与各种酸酐或酸类可直接作用生成盐：

与硝酸作用：$NH_3 + HNO_3 \longrightarrow NH_4NO_3$

与盐酸作用：$NH_3 + HCl \longrightarrow NH_4Cl$

与硫酸作用：$2NH_3 + H_2SO_4 \longrightarrow (NH_4)_2SO_4$

与碳酸作用：$2NH_3 + CO_2 + H_2O \longrightarrow (NH_4)_2CO_3$

（13）干燥氨对铜及其合金无作用，但有水汽或氧存在时，则有严重的侵蚀性。

（14）氨接触到赤热的金属会引起爆炸，在常温常压下氨与空气混合，一定混合范围遇有明火或热源会发生爆炸，爆炸氨浓度范围为15%～28%。

4.1.1.2　氨的危险性

（1）健康危害　低浓度氨对黏膜有刺激作用，高浓度氨可造成组织溶解坏死。急性中毒：轻度者出现流泪、咽痛、声音嘶哑、咳嗽等；眼结膜、鼻黏膜、咽部充血、水肿；胸部 X 线征象符合支气管炎或支气管周围炎。中度中毒：上述症状加剧，出现呼吸困难、紫绀；胸部 X 线征象符合肺炎或间质性肺炎。严重者可发生中毒性肺水肿，或有呼吸窘迫综合征，患者剧烈咳嗽、咳大量粉红色泡沫痰、呼吸窘迫、谵妄、昏迷、休克等。可发生喉头水肿，或支气管黏膜坏死脱落窒息。高浓度氨可引起反射性呼吸停止。液氨或高浓度氨可致眼灼伤，液氨可致皮肤灼伤。

（2）环境危害　氨对环境有严重危害，对水体、土壤和大气可造成污染。

（3）燃爆危险　氨易燃，有毒，具有刺激性。

4.1.1.3　氨的主要用途

氨是重要的无机化工产品之一。农业上使用的氮肥，例如尿素、硝酸铵、磷酸铵、氯化铵以及各种含氮复合肥，都是以氨为原料的。

氨还是制造硝酸及氰化氢的原料，用于国防工业及各种有机化学工业。氨可供氨碱法、联碱法制碱用，用作冷冻剂，用于制药工业和化纤工业等。

4.1.2　工艺流程叙述

4.1.2.1　氨合成流程

从甲烷化来的新鲜工艺气在压缩前分离罐104-F气液分离后，进入合成气压缩机103-J低压段，出低压段后依次通过甲烷化进料气冷却器106-C、段间水冷器116-C、段间氨冷器129-C，然后与氢回收来的氢气混合进入中间分离罐105-F进行气液分离，105-F出来的氢氮气进合成压缩机高压缸。

经高压段压缩后的氢氮气与合成回路来的循环气混合进入压缩机循环段。从循环段出来的合成气经合成系统水冷器124-C冷却后，气体分为两股：一股进入循环气一级氨冷器117-C和循环气二级氨冷器118-C；另一股进入循环气换热器120-C。然后两股气流合流进入循环气三级氨冷器119-C，再进高压氨分离器106-F分离液氨，液氨送往冷冻中间闪蒸槽107-F。106-F分氨后的气体进循环气换热器120-C，回收冷量复热后再进合成塔进出气换热器121-C，升温后进入氨合成塔105-D，合成塔内装有铁系催化剂，在催化剂作用下反应生成氨。出合成塔气体进锅炉给水换热器123-C，经回收热量后再进合成塔进出气换热器121-C，预热入塔合成气，降温后的合成气出121-C，再进入合成气压缩机103-J循环段，重复上述循环。

驰放气在进压缩机103-J前被抽出，经吹出气氨冷器125-C冷却及高压吹出气分离缸108-F分出冷凝氨后送往氢回收装置，108-F分出的液氨送往冷冻中间闪蒸槽107-F。

合成氨工艺流程见图4-1。

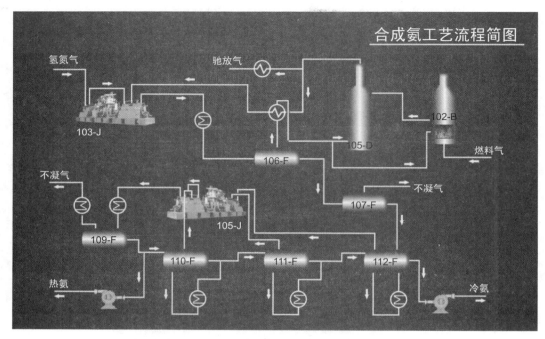

图 4-1　合成氨工艺流程图

氨合成工段工艺 DCS 图和现场图见图 4-2 和图 4-3。

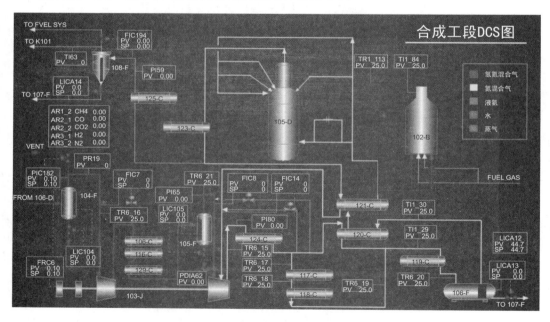

图 4-2　合成工段 DCS 图

4.1.2.2　氨冷冻流程

合成段来的液氨进入冷冻中间闪蒸罐107-F，一部分液氨减压后送至三级液氨闪蒸槽112-F，一部分进入二级液氨闪蒸槽111-F做进一步闪蒸，然后均作为冷冻用的液氨进入系统中。三台闪蒸罐分别与合成系统中的第一、二、三级氨冷器相对应。它们是按

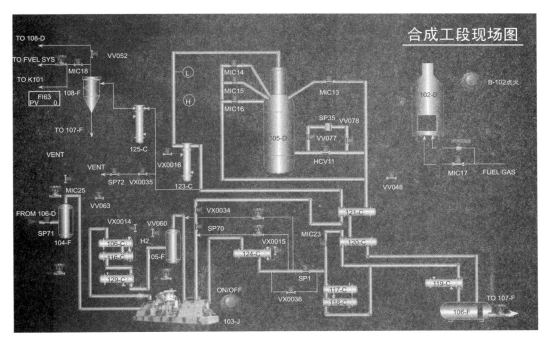

图 4-3 合成工段现场图

热虹吸原理进行冷冻蒸发循环操作的。液氨由各闪蒸罐流入对应的氨冷器,吸热后的液氨蒸发形成气液混合物又回到各闪蒸罐进行气液分离,气氨分别进氨气压缩机 105-J 各段缸,液氨又分别进各氨冷器完成一个循环。

由液氨接收槽 109-F 来的液氨逐级减压后补入到各闪蒸槽。一级液氨闪蒸槽 110-F 出来的液氨,一部分送往循环气一级氨冷器 117-C,另一部分作为段间氨冷器 129-C 和闪蒸气氨冷器 126-C 的冷源,还有一部分液氨送往二级液氨闪蒸槽 111-F。129-C 和 126-C 蒸发出来的气氨也进入 111-F。111-F 来的液氨除送循环气二级氨冷器 118-C 和吹出气氨冷器 125-C 作为冷源外,其余的送到三级液氨闪蒸槽 112-F。112-F 的液氨除送到循环气三级氨冷器 119-C 外,还可作为冷氨产品经冷氨产品泵 109-JA/JB 送到液氨储罐储存。

三级闪蒸槽 112-F 出来的氨气进入氨气压缩机 105-J 一段压缩,然后在一段出口与 111-F 来的氨气汇合进入二段压缩;二段出口氨气经压缩机中间冷却器 128-C 冷却后,与 110-F 来的氨气汇合进入三段压缩;三段出口氨气进入氨冷凝器 127-CA、127-CB、127-CC 进行气液分离,液氨进入接收槽 109-F,不凝气去氨冷器 126-C,冷凝出来的液氨回流到 109-F,不凝气作燃料气送一段炉燃烧。109-F 中的液氨一部分送至一级闪蒸槽 110-F,另一部分作为热氨产品经热氨泵 1-3P-1/2 送往尿素装置。氨冷冻工艺流程见图 4-4 和图 4-5。

4.1.3 设备概况

4.1.3.1 氨合成塔

氨合成塔通常被称为合成氨厂的心脏。它是整个合成氨厂生产过程中的关键设备之

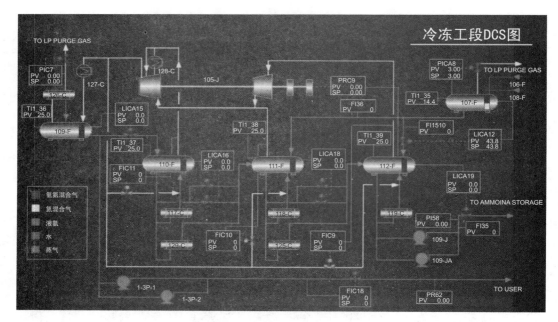

图 4-4　氨冷冻工段 DCS 图

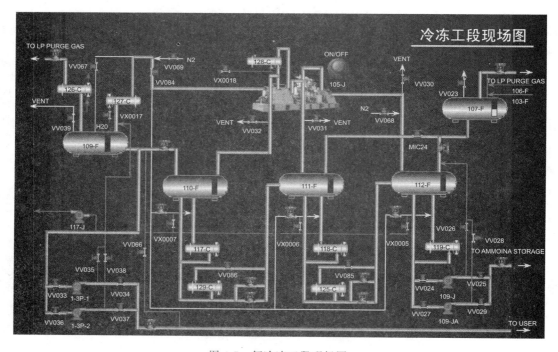

图 4-5　氨冷冻工段现场图

一。经过精制的氢、氮混合气体，在高压、高温和催化剂的作用下，于合成塔内直接合成氨。由于化学反应平衡的限制，氢、氮混合气体不能全部转化成氨，因此必须将已经合成的氨进行分离，然后将未经反应的氢、氮混合气体再次循环反应，同时不断加入新鲜补充气体，维持连续循环生产。在循环时会产生少量惰性气体的积聚，影响反应的正常进行，即降低合成率和平衡氨含量。因此，为了保持惰性气体小于一定的含量，还必须不断放空一些循环气体,以保证一定的合成率和平衡氨含量。这些放空的循环气体也称驰放气。氨合成塔工段工艺 DCS 图见图 4-6。

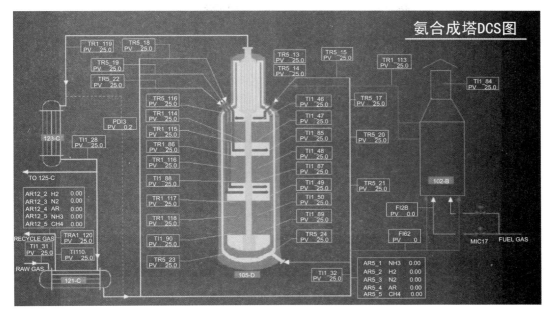

图 4-6　氨合成塔工段 DCS 图

4.1.3.2　加热炉

加热炉是炼油厂和石油化工厂的重要设备之一。它利用燃料在炉膛中燃烧时产生的高温火焰与烟气作为热源,来加热炉管中流动的油品,使其达到工艺规定的温度,以供给原油或油品在进行分馏、裂解或反应等加工过程中所需要的热量,保证生产的正常进行。

4.1.3.3　换热器

合成氨工艺中应用的换热器类型主要有氨冷器、冷凝器、冷却器。其中,冷却器用于冷却流体,冷凝器用于冷凝饱和蒸气。

4.1.3.4　压缩机

压缩机的主要作用是压缩气体,将气体压力提高到工艺要求。离心式压缩机的每一段是由几个压缩级组成,每一级是由一个叶轮以及与其相配合的固定元件组成,主要由吸气室、叶轮、扩压器、弯道与回流器、蜗壳、密封装置、径向轴承、止推轴承及平衡盘等组成。

4.1.3.5　泵

泵是输送液体或使液体增压的机械。它将原动机的机械能或其他外部能量传送给液体,使液体能量增加。

4.1.3.6　设备

设备位号及名称见表 4-1。

表 4-1 设备列表

位号	设备名称	位号	设备名称
105-D	氨合成反应器	125-C	吹出气氨冷器
102-B	开工加热炉	126-C	闪蒸气氨冷器
103-J	合成气压缩机	127-C	氨冷凝器
109-J	冷氨产品泵	128-C	氨压机中间冷却器
1-3P	热氨产品泵	129-C	段间氨冷器
106-C	甲烷化进料气冷却器	104-F	压缩前分离罐
116-C	段间水冷器	105-F	中间分离罐
117-C	循环气一级氨冷器	106-F	高压氨分离器
118-C	循环气二级氨冷器	107-F	冷冻中间闪蒸槽
119-C	循环气三级氨冷器	108-F	高压吹出气分离缸
120-C	循环气换热器	109-F	液氨接收槽
121-C	合成塔进出气换热器	110-F	一级液氨闪蒸槽
123-C	锅炉给水换热器	111-F	二级液氨闪蒸槽
124-C	合成系统水冷器	112-F	三级液氨闪蒸槽

4.1.4 软件操作

在操作软件初期，学生要根据系统提示，熟悉合成氨厂区的设备分布情况，查看相关知识点，包括设备概况、工艺原理和安全常识，了解生产区的相关操作规程和安全章程。刚开始操作软件时，可按照任务提示和 NPC 提示来完成操作。

3D 场景仿真系统运行界面见图 4-7，操作质量评分系统运行界面见图 4-8。

图 4-7 3D 场景仿真系统运行界面

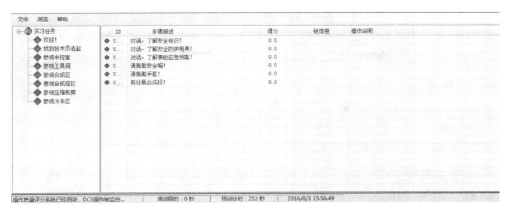

图 4-8 操作质量评分系统运行界面

操作者主要在 3D 场景仿真界面（见图 4-7）中进行操作，根据任务提示和 NPC 提示进行操作。在 2D 工艺仿真界面（见图 4-1～图 4-5）可以查看工艺流程和一些实时工艺参数，调节和开关阀门及设备。评分界面（见图 4-8）可以查看操作的完成情况及得分情况。

4.1.5 3D 场景仿真系统介绍

本软件的 3D 场景以合成氨车间为蓝本进行仿真，具体场景包括中控室、工具间、压缩机房、合成段、冷冻段、合成塔区及放空区等。

4.1.5.1 角色移动

① 按住 W、S、A、D 键可控制当前角色向前、后、左、右移动。

② 点击 R 键可控制角色进行走、跑切换。

③ 鼠标右键点击远处地面某处，当前角色可瞬移到该位置。

4.1.5.2 视野调整

操作者（如小明）在操作软件过程中，所能看到的场景都是由摄像机来拍摄，摄像机跟随当前控制角色（如操作员 1）。所谓视野调整，即摄像机位置的调整。

① 按住鼠标左键在屏幕上向左或向右拖动，可调整操作者视野（即摄像机位置）向左转或是向右转，但当前角色并不跟随场景转动。

② 按住鼠标左键在屏幕上向上或向下拖动，可调整操作者视野（即摄像机位置）向上转或是向下转，相当于抬头或低头的动作。

③ 滑动鼠标滚轮向前或是向后转动，可调整摄像机与角色之间的距离。

4.1.5.3 视角切换

点击空格键即可切换视角，在默认人物视角和全局俯瞰视角间切换。

4.1.5.4 任务系统

① 点击运行界面（见图 4-9）右上角的任务提示按钮即可打开任务系统。

② 任务系统界面（见图 4-10）左侧是任务列表，右侧是任务的具体步骤，任务名

称后边标有已完成任务步骤的数量和任务步骤的总数量，
当某任务步骤完成时，该任务步骤会出现对号表示完成，
同时已完成任务步骤的数量也会发生变化。

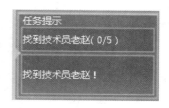

4.1.5.5 查找阀门

在图 4-11 中查找框内首先输入目标阀门位号，然后点
击右侧的搜索按钮，下方的列表栏出现该位号后点击"开
始查找"，在箭头的指引下找到该阀门。

图 4-9 运行界面

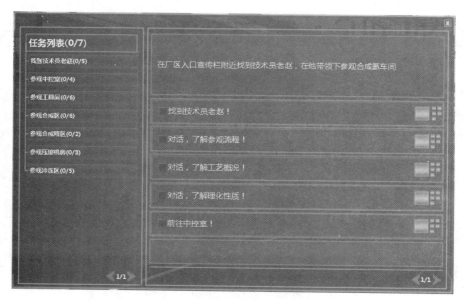

图 4-10 任务系统界面

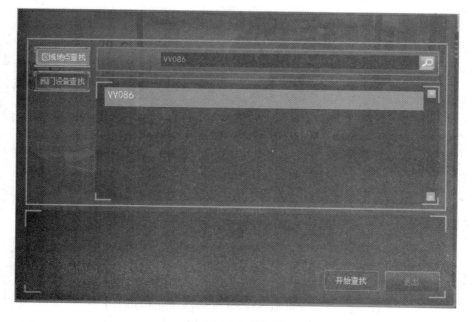

图 4-11 查找界面

4.1.5.6　自动巡演

点击巡演按钮后，软件会开启自动巡演，为使用者展示冷冻段和合成段生产过程中的物料走向，便于用户更好地理解生产流程。

4.1.5.7　地图功能

点击地图按钮，打开生产区示意图界面（见图4-12），可以快速移动到某个生产区域，如冷冻段生产区域（见图4-13）。

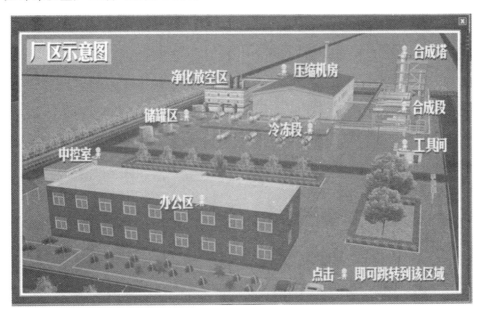

图4-12　生产区示意图界面

图4-13　冷冻段生产区域图

4.1.5.8　对话功能

当 NPC 头上出现叹号标识的时候，可点击 NPC 进行对话（见图 4-14）。

图 4-14　对话功能图

4.1.5.9　查看知识点内容

① 在仿真练习中，可以查看工艺类、安全类和设备类知识点。与引导 NPC 技术员老赵对话，点击对话界面中的知识点按钮，进入知识点系统（见图 4-15）。

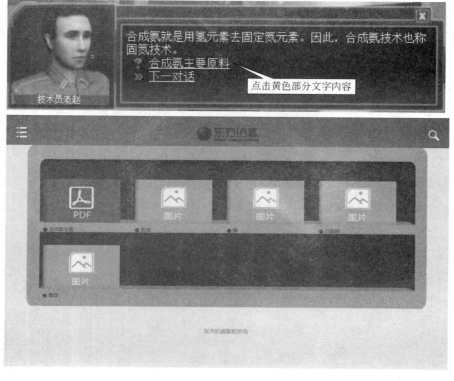

图 4-15　知识点界面

② 知识点分为3种类型：图片、视频、文档。其中，图片类知识点主要为原料外观、设备外观和工艺流程图；视频类知识点的主要内容是演示工艺原理和介绍设备知识的短片；文档类知识点主要对工艺知识、设备知识、安全知识进行详细的介绍。

③ 鼠标移动到知识点素材的按钮上，光标即变成小手，点击即可查看该素材内容。

④ 点击快捷按钮中的知识点按钮，打开知识点列表界面，同样可以查看知识点内容。

4.1.5.10　交互操作

当鼠标悬停在某个对象（阀门、仪表、电源、安全帽等）上时，出现闪烁文字或高亮提示，左键双击该对象，可以进行交互操作，如开关阀门、穿戴劳保用具和启停电源等操作。

① 查看仪表。控制角色移动到仪表附近，鼠标悬停在仪表上，此仪表会闪烁，说明可以查看仪表。如果距离较远，即使将鼠标悬停在仪表位置，仪表也不会闪烁，说明距离太远，不可进行交互操作。左键双击闪烁仪表，可进入操作界面，切换到仪表界面，上面显示有相应的实时数据，如液位、流量和电压等。

② 开关阀门。控制角色移动到阀门附近，鼠标悬停在阀门上，此阀门会闪烁，说明可以操作阀门。如果距离较远，即使将鼠标悬停在阀门位置，阀门也不会闪烁，说明距离太远，不可进行交互操作。鼠标悬停在阀门位置，会闪烁该阀门位号，双击打开阀门操作界面，调节开度。

③ 鼠标双击可装备的劳保用具，如安全帽、手套等，则该劳保用具直接装备到角色身上（见图4-16和图4-17）。

图4-16　佩戴安全帽前后对比图

图4-17　佩戴手套前后对比图

4.1.5.11　知识点

知识点见表4-2。

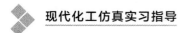

表 4-2　知识点列表

序号	知识点	序号	知识点
1	空气呼吸器	40	氨合成催化剂的还原反应及其特点
2	空速对氨合成反应的影响	41	氨合成催化剂的还原条件
3	离心泵的工作原理	42	氨合成催化剂的中毒和衰老
4	离心泵的气缚现象及防止措施	43	氨合成催化剂对反应速率的影响
5	离心泵的汽蚀现象及防止措施	44	氨合成催化剂及其助剂
6	离心泵的主要性能参数	45	氨合成化学反应及特点
7	离心泵的组成部件	46	氨合成塔分类
8	离心式压缩机的工作原理	47	氨合成塔简介
9	离心式压缩机的基本结构及各部分作用	48	氨合成系统工艺流程
10	立式重力分离器结构原理	49	氨冷冻系统工艺流程
11	列管式换热器	50	泵的基础知识大全
12	流量检测仪表	51	泵的适用范围和特性
13	氢氮比对氨合成反应的影响	52	常用灭火器分类及适用范围
14	球阀结构及原理	53	单层轴向内冷式合成塔
15	三不伤害	54	蝶阀结构及原理
16	三级安全教育	55	多层径向冷激式合成塔
17	生产区 14 个不准	56	多层轴向冷激式合成塔
18	逃生自救的八要八忌	57	惰性气体对氨合成反应的影响
19	调节阀结构及原理	58	防止违章动火六大禁令
20	危险化学品储存管理问题	59	浮头式换热器
21	危险化学品概念及相关法律	60	高处作业
22	危险货物公路运输及防护	61	国家规定的安全标志
23	温度对氨合成反应的影响	62	国家规定的安全色
24	温度检测仪表	63	过滤式防毒面具
25	物位检测仪表	64	合成氨工艺流程
26	压力对氨合成反应的影响	65	合成氨工艺路线
27	压力检测仪表	66	合成氨生产现场主要危险物质介绍
28	以天然气为原料生产合成氨工艺流程	67	合成氨主要设备
29	影响氨合成反应的工艺参数	68	合成氨主要用途
30	影响化学反应速率和化学平衡的重要因素	69	合成氨主要原料
31	闸阀结构及原理	70	化工装置的生产特点
32	长管式防毒面具	71	换热器的分类
33	蒸汽对汽轮机的腐蚀及防护	72	换热器立式与卧式的选择
34	蒸汽透平的工作原理	73	换热器流体流径选择
35	U 形管式换热器	74	加热炉
36	氨的化学性质	75	截止阀结构及原理
37	氨的危险性概述	76	进入容器、设备的八个必须
38	氨的物理性质	77	进塔氨含量对氨合成反应的影响
39	氨分离器		

4.1.6 操作步骤

4.1.6.1 合成系统开车

（1）中控界面，投用 104-F 液位联锁 LSH109。

（2）中控界面，投用 105-F 液位联锁 LSH111。

（3）中控界面，将合成塔压力仪表换为低量程表 L。

（4）现场全开阀 VX0015，124-C 旁，投用 124-C。

（5）现场全开阀 VX0016，123-C 旁，投用 123-C。

（6）现场开防爆阀 SP35 前阀 VV077，105-D 旁。

（7）现场开 SP35 后阀 VV078，105-D 旁，投用 SP35。

（8）现场开阀 SP71，104-F 旁，引氢氮气。

（9）中控界面，将压缩机 103-J 复位，然后现场启动 103-J，压缩机房二层。

（10）中控界面，打开阀 PRC6，调节压缩机转速。

（11）现场启动泵 117-J，109-F 旁，注液氨。

（12）现场开阀 MIC23，120-C 旁，将工艺气引入合成塔 105-D，合成塔充压。

（13）现场开阀 HCV11，105-D 旁，将工艺气引入合成塔 105-D，合成塔充压。

（14）现场开 SP1 的副线阀 VX0036，124-C 旁。

（15）中控界面，逐渐关小防喘振阀 FIC7。

（16）中控界面，逐渐关小防喘振阀 FIC8。

（17）中控界面，逐渐关小防喘振阀 FIC14。

（18）现场开阀 SP72，放空火炬区旁。

（19）现场开阀 SP72 前旋塞阀 VX0035，放空火炬区旁。

（20）中控界面，待压力达到 1.4MPa 后换高量程压力表 H。

（21）现场开阀 SP1，124-C 旁。

（22）现场关阀 SP1 的副线阀 VX0036，124-C 旁。

（23）现场关阀 SP72，放空火炬区旁。

（24）现场关阀 SP72 前旋塞阀 VX0035，放空火炬区旁。

（25）现场关 HCV11，105-D 旁。

（26）中控界面，将阀 PIC194 投自动。

（27）中控界面，将阀 PIC194 设定值设定为 10.5MPa。

（28）现场开入 102-B 的旋塞阀 VV048，102-B 旁。

（29）现场开阀 SP70，121-C 旁。

（30）现场开阀 SP70 前旋塞阀 VX0034，121-C 旁，使工艺气循环起来。

（31）现场开阀 MIC18，108-F 旁。

（32）中控界面，投用 102-B 流量联锁 FSL85。

（33）现场启动 102-B 点火装置，102-B 旁。

（34）现场开阀 MIC17，102-B 旁，调整炉膛温度。

（35）现场开阀 MIC14，105-D 旁，控制二段出口温度在 420℃。

（36）现场开阀 MIC15，105-D 旁，控制三段入口温度在 380℃。

（37）现场开阀 MIC16，105-D 旁，控制三段入口温度在 380℃。

（38）现场停泵 117-J，109-F 旁，停止向合成系统注液氨。

（39）中控界面，将阀 PICA8 投自动。

（40）中控界面，将阀 PICA8 设定值设定为 1.68MPa。

（41）中控界面，将阀 LICA14 投自动。

（42）中控界面，将阀 LICA14 设定值设定为 50%。

（43）中控界面，将阀 LICA13 投自动。

（44）中控界面，将阀 LICA13 设定值设定为 50%。

（45）待合成塔入口温度达到 380℃后，现场关闭阀 MIC17，102-B 旁。

（46）现场关闭 102-B 点火装置，102-B 旁。

（47）现场开阀 HCV11，105-D 旁。

（48）现场关阀 VV048，102-B 旁。

（49）现场开阀 MIC13，105-D 旁，调节合成塔入口温度在 401℃。

4.1.6.2 冷冻系统开车

（1）中控界面，投用 110-F 液位联锁 LSH116。

（2）中控界面，投用 111-F 液位联锁 LSH118。

（3）中控界面，投用 112-F 液位联锁 LSH120。

（4）中控界面，投用泵 1-3P-1 压力联锁 PSH840。

（5）中控界面，投用泵 1-3P-2 压力联锁 PSH841。

（6）现场全开阀 VX0017，127-CA 旁。

（7）中控界面，将阀 PIC7 投自动。

（8）中控界面，将阀 PIC7 设定值设定为 1.4MPa。

（9）现场开阀 VV066，109-F 旁，引氨，使 109-F 建立 50%液位。

（10）现场开制冷阀 VX0005，112-F 旁。

（11）现场开制冷阀 VX0006，111-F 旁。

（12）现场开制冷阀 VX0007，110-F 旁。

（13）中控界面，将压缩机 105-J 复位，然后现场启动 105-J，压缩机房二层。

（14）现场开阀 VV084，127-CA 旁。

（15）现场开阀 VV067，127-CA 旁。

（16）中控界面，开阀 LCV15（打开 LICA15），建立 110-F 液位。

（17）现场开阀 VV086，129-C 旁。

（18）中控界面，开阀 LCV16（打开 LICA16），建立 111-F 液位。

（19）中控界面，开阀 LCV16（打开 LICA16），建立 111-F 液位。

（20）中控界面，开阀 LCV18（打开 LICA18），建立 112-F 液位。

（21）中控界面，开阀 LCV18（打开 LICA18），建立 112-F 液位。

（22）现场开阀 VV085，125-C 旁。

（23）现场开阀 MIC24，111-F 旁，向 111-F 送氨。

（24）中控界面，开阀 LCV12（打开 LICA12），向 112-F 送氨。

（25）现场关制冷阀 VX0005，112-F 旁。

（26）现场关制冷阀 VX0006，111-F 旁。

（27）现场关制冷阀 VX0007，110-F 旁。

（28）现场启动泵 109-J，111-F 旁。

（29）现场启动泵 1-3P-1，109-F 旁。

4.1.7　思考题

（1）氨合成反应的平衡常数 k_f 随温度和压力是如何变化的？

（2）影响氨平衡浓度的因素有哪些？

（3）温度和压力对氨合成反应的平衡氨浓度及反应速率有什么影响？

（4）惰性气体对氨合成反应的平衡浓度及反应速率有什么影响？

（5）氨合成催化剂活性组分与助剂的作用是什么？

（6）在氨合成工艺流程中排放气为什么在循环压缩机前，而氨冷则在循环压缩机后？

（7）从节能和提高经济效益出发，氨合成塔结构应如何改进？

4.2　常减压炼油装置3D仿真实习系统

本系统参照了中石油某公司常减压装置工艺流程，并采用了沙盘模型及 3D 仿真培训系统相结合的方式对学生进行培训。本系统包括：常减压炼油装置 3D 仿真培训系统和常减压装置沙盘仿真模型。常减压炼油装置 3D 仿真系统为全数字化动态仿真。

常减压炼油装置 3D 仿真培训软件为本培训系统的核心内容，它可以让学生直接进行互动操作，有一定的趣味性及实用性。沙盘仿真演示模型整体以突出"两炉三塔流程"为重点，按各工艺流程中的设备特征，综合常减压装置常压蒸馏原理、减压蒸馏原理，以及初馏塔、常压塔、减压塔、常压炉、减压炉的布置办法及相互联系，按一定的顺序、一定的规律进行布置。模型尽可能形象逼真，协调一致，使学生身临其境，接受到真实化工生产装置现场操作的训练。

常减压蒸馏是炼油生产中的第一道加工工序。根据原油中各馏分的沸点不同，在常压、减压等条件下将其分割成不同的组分，即汽油、煤油、柴油、润滑油料和各种二次加工原料等。

常减压装置是根据原油中各组分的沸点（挥发度）不同，将混合物切割成不同沸点的"馏分"。即利用加热炉将原油进行加热，生成汽液两相，在常压塔中，使汽液两相进行充分的热量交换和质量交换，在提供塔顶回流和塔底吹汽的条件下对原油进行精馏，从塔顶分馏出沸点较低的产品——汽油，从塔底分出沸点较重的产品——重油，从塔中部抽出各侧线产品，即煤油、轻柴油、重柴油、蜡油等。

常压蒸馏后剩下的分子量较大的重油组分在高温下易分解（500℃左右），为了将常压重油中的各种高沸点的润滑油组分分离出来，根据压力越低油品沸点就越低的特性，采用在减压塔塔顶使用蒸汽喷射泵抽真空的方法（即真空蒸馏），使加热后的常压重油在负压条件下进行分馏，从而使高沸点的组分在相应的温度下依次馏出作为润滑油料。同时，采用水蒸气汽提来提高拔出率。

4.2.1 常减压炼油装置生产工艺

4.2.1.1 常减压炼油装置生产工艺流程简述

原油泵 P101A/B 抽输转 87 单元 11♯、12♯ 罐的原油，到装置内经过三路换热，到电脱盐罐经过脱盐、脱水。脱后原油继续经过两路换热后进入初馏塔 T101，T101 顶出重整料，不凝气去原油稳定，当原油稳定停工时去加热炉烧掉。T101 底油经泵 P104A/B 抽出，经过两路换热到 300℃ 后到常压炉被加热到 365℃ 左右进入常压塔 T102 第四层上方。经过常压塔精馏后，常压塔顶油汽经过冷凝冷却后的汽油一部分打入塔顶，一部分作为常顶汽油出装置，不凝气到常压炉烧掉。然后从上到下侧线依次馏出常一线、常二线、常三线、常四线。常一线油进常一线汽提塔 T103，通过再沸器加热，其汽相返回到 T102，液相抽出经空气预热器 E130、脱硫醇系统送出装置。常二、三、四线经汽提塔 T104 汽提，汽相返回到常压塔，液相经换热、冷却后送出装置。其中设有一个顶回流，两个中段回流（常一中、常二中），常底油经过泵 P114A/B 抽出到减压炉加热到 400℃ 左右后进入减压塔 T105 第四层上方。减压塔顶设有两级抽真空系统，减顶油汽经过预冷器、一级抽空器、一级冷却器、二级抽空器和二级冷却器，不凝气到常压炉烧掉，冷却下来的油水经减顶油水分液罐（V104）进行油水分离，分出的油经泵 P115A/B 送出装置，减压塔自上而下依次馏出减一线、减二线、减三线、减四线、减五线。减一线油经过换热、冷却后一部分作回流返回塔顶，一部分作为产品送出装置；减二、三、四线自流入汽提塔 T106，汽相返回减压塔，液相经换热、冷却送出装置。其中，减四线一部分返回 T105 作为洗涤油。减五线油从 T105 洗涤段填料的集油箱抽出，经过换热、冷却送出装置。减底油一部分作为加热炉的燃料，其余的经过两路换热，一部分热料去重催、焦化，另一部分经过冷却作冷渣送出装置。

常减压炼油装置生产工艺流程图、部分 3D 场景及界面、中控室、现场部分见图 4-18～图 4-21。

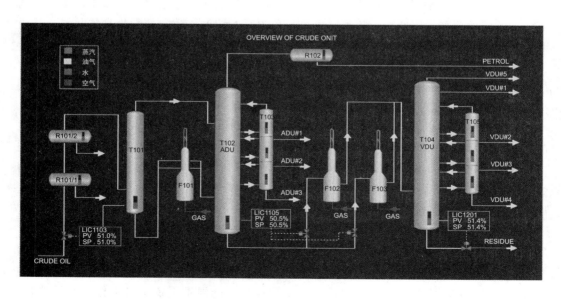

图 4-18 常减压炼油装置生产工艺流程图

图 4-19　3D 场景及界面

图 4-20　中控室部分

4.2.1.2　各系统流程说明

（1）原油系统换热流程　45℃原油从输转 87 单元 11 #、12 # 罐进装置，经原油泵 P101A/B 分四路先和常顶油气换热（E101A～D），然后分三路进行换热。泵前注入破乳剂、脱盐剂，注入量为占原油 20×10^{-6}，浓度为 2% 的水溶液。

第一路依次与常二线（Ⅲ）（E102AB）、减一中（Ⅳ）（E105A）换热，第二路依次与减一线及减顶回流（E103AB）、减一中（Ⅲ）（E105B）换热，第三路依次与减一线及减顶回流（E104AB）、减一中（Ⅱ）（E105C）换热。三路合为一后，进入新建 1.0MPa 蒸汽/原油换热器（E165）壳程，来自管网的 1.0MPa 蒸汽进入 E165 管程，换

图 4-21　现场部分

热后，原油去电脱盐系统，进入电脱盐罐（V122），在电场作用下进行脱盐、脱水。蒸汽凝结水进入新建 1.0MPa 蒸汽凝结水/电脱盐注水换热器（E166）管程与来自 E164AB 的脱盐水换热，换热后，脱盐水去电脱盐水系统，凝结水去 1.0MPa 蒸汽凝结水管网。电脱盐注水在混合阀前注入原油管线，经混合阀充分混合后进入电脱盐罐。脱后原油分出两路冷进料分别去常压炉（F101）、减压炉（F102），回收加热炉烟气余热。其余的分两路：一路依次经减底油（Ⅴ-1）（E106AB）、减三线（Ⅱ）（E107）、减五线（Ⅱ）（E159，跨 E160）、常三线（E108）、减五线（Ⅱ）（E160）、减二线（Ⅱ）（E109A-C）、减底油（Ⅳ-1）（E110ABC）、减二中（Ⅱ）（E111AB）、减底油（Ⅲ-1）（E112AB）换热；另一路依次经减底油（Ⅵ）（E113）、常一中（Ⅱ）（E114AB）、减底油（Ⅴ-2）（E115AB）、常二线（Ⅱ）（E116）、减底油（Ⅳ-2）（E117AB）、减三线（Ⅱ）（E118）、常二线（Ⅱ）（E119）、减底油（Ⅲ）（E120AB）、减二线（Ⅱ）（E121AB）换热。换热后合为一路（包括去加热炉的两路原油），温度 200℃ 左右进入初馏塔（T101）。原油系统换热流程见图 4-22。

（2）初馏系统流程　原油经换热到 200℃ 左右后进入初馏塔，初馏塔顶油气经空冷器 E154A～F、冷却器 E155AB 冷凝后进入油水分离罐 V101，不凝气去低压瓦斯罐 V107 后去原油稳定，初顶油由初顶泵 P102 一部分打入 T101 作为塔顶冷回流，另一部分作为重整料出装置。V101 顶低压瓦斯引入原油稳定车间作生产轻烃的原料气或引入炉 1、2 作燃料。

初侧油由泵 P103AB 从 T101 第 9 层和第 11 层塔盘抽出，和常压一中回流返塔合在一起进入常压塔 T102 第 37 层塔盘。

初底油由泵 P104AB 送出进 E122 与减底油换热后分两路，一路依次和常二中（E123AB）、常四线（E124）、减四线（E125）、减底油（E126A～D）换热至 300℃，另一路依次和减二中（E127AB）、减三线（E128）、减底油（E129A～D）换热至300℃，每路再分两路入常压炉 F101，加热至 368℃进入常压塔 T102。

初馏系统流程见图 4-23。

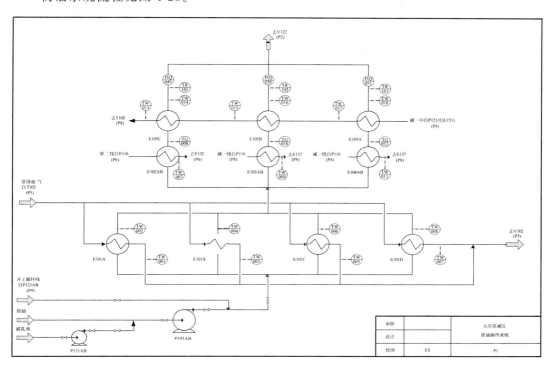

图 4-22　原油系统换热流程

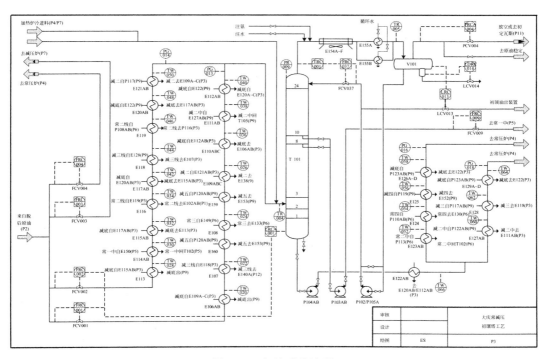

图 4-23　初馏系统流程

（3）**常压塔流程**　常压塔顶油气和原油换热后进入常压塔顶热回流罐 V102，经泵 P105 抽出，大部分打入塔顶作回流控制塔顶温度，剩余部分作为产品去空冷器 E156A 继续冷却，这部分量的多少由 V102 的液面控制，不凝油气自 V102 至空冷器 E156A～F、冷却器 E157AB 冷却后和液相冷却，这部分一起进入常压塔顶油水分离罐 V103，由泵 P106 送出装置到加氢 57♯ 罐区。

常一线从常压塔（T102）第 39 层自流入汽提塔（T103），经重沸器（E149）常三线为热源返回 T103，汽相返回到 T102 第 39 层塔盘，常一线油由塔 T103 底经泵 P107AB 抽出经空气预热器（E130）、脱硫醇反应器 R101AB，再经冷却器 E131 冷却至 45℃进中间罐 V116，用 P129AB 抽出后进脱色罐 V117AB、玻璃毛过滤器 V118AB、陶瓷过滤器 V119AB 送出装置。

常二线从常压塔（T102）第 27 层塔盘自流入汽提塔（T104）上段，经汽提后由泵 P108AB 抽出，经换热器 E119、E116、E102AB、冷却器 E132 冷至 50℃左右送出装置。

常三线从常压塔（T102）第 21 层自流入汽提塔（T104）中段，经汽提后用泵 P109 送至换热器 E149、E108、E133、冷却器 E134 冷至 70℃左右送出装置。

常四线从常压塔（T102）第 9 层或第 11 层自流入汽提塔（T104）下段，经汽提后用泵 P110AB 送至换热器 E124、空气预热器 E130、冷却器 E135 后冷却出装置，或并入减一中入口。

常压塔底油经泵 P114AB 抽出分四路进入减压炉（F102），经过对流段、辐射段，出口温度升至 360℃，然后再汇合一路，进入减压塔（T105）进料段。

为合理取热，常压塔设两个中段回流，常一中自 T102 第 35 层塔盘由泵 P112AB 抽出，经蒸汽发生器 E150、换热器 E114AB 后和初侧油合并返回到第 37 层塔盘上。常二中自 T102 第 17 层塔盘由泵 P113 抽出，经换热器 E123AB 返回到第 19 层塔盘上。

常压塔流程见图 4-24、图 4-25。

（4）**减压塔流程**　减压塔顶油气、水蒸气从减压塔顶挥发线进入四台并联的预冷器 E146A～D 后经水冷器 E147AB、E148AB 冷却，减顶油入容器 V104 进行油水分离，减顶进入 V105 后用泵 P115AB 并入常二线送至成品 88 单元 67/1 罐区。

减一线由减压塔（T105）上集油箱抽出，用泵 P116AB 送至 E103AB、E104AB 与原油换热，然后经冷却器 E137A，一部分送出装置，另一部分经冷却器 E137B 冷却至 50～70℃作减压塔顶回流。

减二线从减压塔（T105）第 22 层自流入减压汽提塔（T106）上段，经汽提后用泵 P117AB 抽出，经换热器 E121、E109A～C 与原油换热后，经冷却器 E139A 与采暖水换热后，最后经冷却器 E139BC 冷却送出装置。

减三线油从减压塔（T105）第 10、12 层自流入汽提塔（T106）中段，经汽提后用泵 P118AB 抽出送至 E128、E118、E107 与原油换热后再经 E140A 与采暖水换热后，经 E140 冷却送出装置。

减四线从减压塔（T105）第 6、8 层自流入汽提塔（T106）下段，经汽提后用泵 P119 抽出送至 E125、E152 与原油换热，经 E141 与采暖水换热后，再经冷却器 E142 冷却后送出装置。

减五线油从减压塔（T105）下集油箱抽出，经泵 P120AB 抽出，再经 E153 蒸汽发

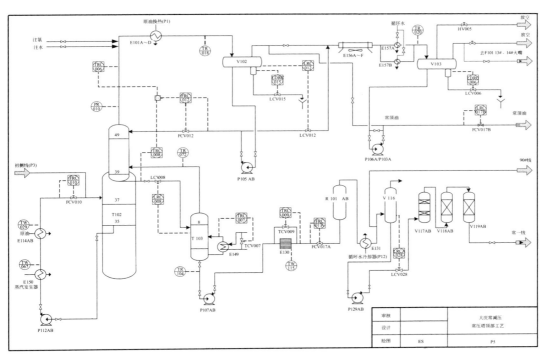

图 4-24　常压塔塔顶工艺流程

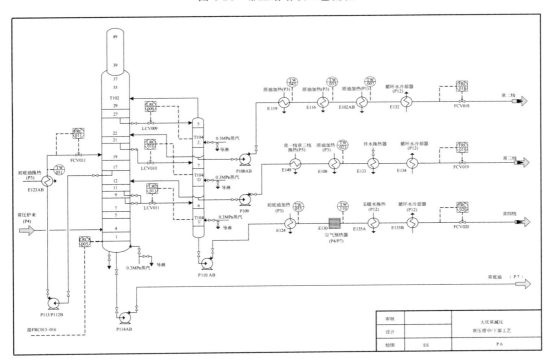

图 4-25　常压塔塔中、底工艺流程

生器、E160（跨 E159）、冷却器 E143 后送出装置。

减底油从减压塔（T105）底经泵 P123AB 抽出，一路经换热器 E126A～D 与拔头油换热，一路经换热器 E129A～D 与拔头油换热，两路合成一路再经换热器 E122 后，一部分去两台加热炉作为加热炉燃料油，另一部分再分两路，一路经换热器 E110、E112、E106 与原油换热，另一路与换热器 E120、E117、E115、E113 与第二路原油换热，两路合成一路进入冷却器 E144AB、E145CD 与采暖水换热。一部分经冷却器 E145AB 冷却送至"重油催化装置"作原料，另一部分为焦化作原料。

减压塔除顶回流外设有两个中段回流，减一中油由泵 P121 从 T105 第 25 层塔盘抽出经蒸汽发生器 E151、换热器 E105A~C 后返回到第 26 层塔盘上，减二中油由泵 P122AB 从 T105 第 18 层塔盘抽出，经换热器 E127、E111AB 后返回第 19 层塔盘上。

未脱盐原油换热后达到 110℃（E105A~C 三路汇合后），然后进入新建 1.0MPa 蒸汽/原油换热器（E165）壳程，来自管网的 1.0MPa 蒸汽进入 E165 管程，换热后（温度在 120~130℃）原油去电脱盐系统，在混合阀前与电脱盐注水和破乳剂经混合阀充分混合，分两路进入电脱盐罐（V122）入口，油流自下而上先后通过交流弱电场、直流弱电场和直流强电场，在电场作用下进行脱盐脱水。1.0MPa 蒸汽与 E165 原油换热后形成的蒸汽凝结水进入新建 1.0MPa 蒸汽凝结水/电脱注水换热器（E166）管程，与来自 E164AB 的脱盐水换热。

为了节约能源，用电脱盐罐排出的 110℃含盐污水与电脱盐注水换热，使注水温度达到 75℃，同时含盐污水温度降至 68℃，经含盐污水冷却器冷却到 50℃排往污水处理厂，75℃的电脱盐注水与减二线（Ⅳ）-电脱盐注水换热器 E164AB 换热后，进入到新建 1.0MPa 蒸汽凝结水/电脱注水换热器（E166）换热后，脱盐水注入到混合阀前去电脱盐水系统，凝结水去 1.0MPa 蒸汽凝结水管网。

为了保护电脱盐罐底不沉积污泥、盐垢，可间断地将注水注入到电脱盐罐底，经罐底冲洗管冲洗，使盐垢不能沉积到罐底而被排出。桶装破乳剂用破乳剂配制泵（P132）

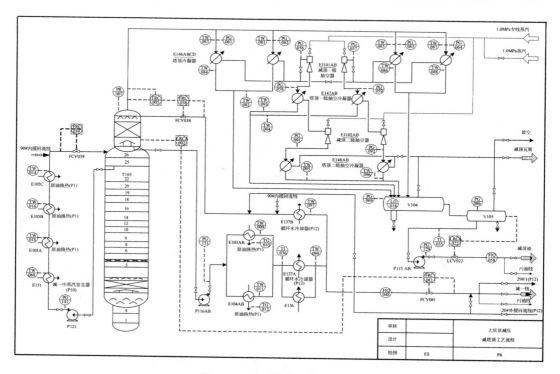

图 4-26　减压塔塔顶工艺流程

打到破乳剂配制槽（V123）中，在加热条件下与凝结水混合，经P132打循环，混合均匀后，由破乳剂泵P131A注入到电脱盐罐混合阀前。此外，为防止电脱盐罐超压，罐顶装有安全阀。

减压塔流程见图4-26、图4-27。

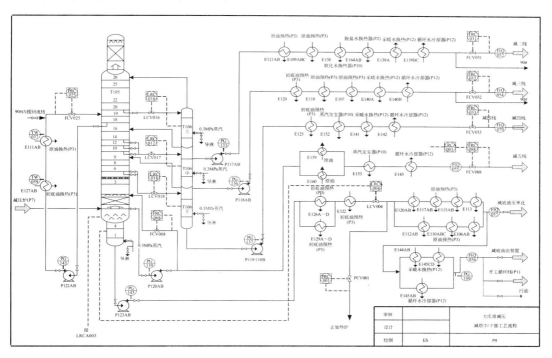

图4-27　减压塔塔中、下部工艺流程

4.2.1.3　主要设备

常减压炼油装置主要设备见表4-3。

表4-3　常减压炼油装置主要设备一览表

序号	设备编号	设备名称	序号	设备编号	设备名称
1	E101A～D	常顶汽油原油换热器	17	E117AB	减底油（Ⅳ-2）原油换热器
2	E102AB	常二线（Ⅱ）原油换热器	18	E118	减三线（Ⅱ）原油换热器
3	E103AB	减一线（Ⅱ）原油换热器	19	E119	常二线（Ⅰ）原油换热器
4	E104AB	减一线（Ⅰ）原油换热器	20	E120AB	减底油（Ⅲ-2）原油换热器
5	E105A～C	减一中（Ⅳ/Ⅲ/Ⅱ）原油换热器	21	E121AB	减二线（Ⅰ）原油换热器
6	E106AB	减底油（Ⅴ-1）原油换热器	22	E122	减底油（Ⅱ）初底油换热器
7	E107	减三线（Ⅲ）原油换热器	23	E123AB	常二中初底油换热器
8	E108	常三线（Ⅲ）原油换热器	24	E124	常四线（Ⅰ）初底油换热器
9	E109A～C	减二线（Ⅱ）原油换热器	25	E125	减四线（Ⅰ）初底油换热器
10	E110A～C	减底油（Ⅳ-1）原油换热器	26	E126A～D	减底油（Ⅰ-1）初底油换热器
11	E111AB	减二中（Ⅱ）原油换热器	27	E127AB	减二中（Ⅰ）初底油换热器
12	E112AB	减底油（Ⅲ-1）原油换热器	28	E128	减三线（Ⅰ）初底油换热器
13	E113	减底油（Ⅳ）原油换热器	29	E129A～D	减底油（Ⅰ-2）初底油换热器
14	E114AB	常一中（Ⅱ）原油换热器	30	E130	空气预热器
15	E115AB	减底油（Ⅴ-2）原油换热器	31	E131AB	常一线冷却器
16	E116	常二线（Ⅱ）原油换热器	32	E132	常二线冷却器

序号	设备编号	设备名称	序号	设备编号	设备名称
33	E133	常三线(Ⅲ)伴热水换热器	77	V120	凝结水罐
34	E134	常一线冷却器	78	V121	污油罐
35	E135AB	常四线(Ⅲ)采暖水换热器	79	V122	电脱盐罐
36	E136	减一线冷却器	80	V123	破乳剂槽
37	E137AB	减一线冷却器	81	P101AB	原油泵
38	E138	减二线(Ⅲ)软化水换热器	82	P102	初顶油泵
39	E139A	减二线(Ⅳ)采暖水换热器	83	P103AB	初侧油泵
40	E139BC	减二线冷却器	84	P104AB	初底油泵
41	E140A	减三线(Ⅳ)采暖水换热器	85	P105AB	常顶回流泵
42	E140B	减三线冷却器	86	P106	常顶油泵
43	E141	减四线(Ⅲ)采暖水换热器	87	P107AB	常一线泵
44	E142AB	减四线冷却器	88	P108AB	常二线泵
45	E143	减五线冷却器	89	P109	常三线泵
46	E144AB	减底油(Ⅳ)采暖水换热器	90	P110AB	常四线泵
47	E145A~D	减底油冷却器	91	P111	常五线泵
48	E146A~D	减顶一级冷凝器	92	P112AB	常一中泵
49	E147AB	减顶二级冷凝器	93	P113	常二中泵
50	E148AB	减顶末级冷凝器	94	P114AB	常底泵
51	E149	常一线、常三线换热器	95	P115AB	减顶油泵
52	E150	常一中(Ⅰ)蒸汽发生器	96	P116AB	减一线、减顶回流泵
53	E154A~F	初顶空冷器	97	P117AB	减二线泵
54	E155AB	初顶后备冷却器	98	P118A	减三线泵
55	E156A~F	初顶空冷器	99	P119	减四线泵
56	E157AB	常顶后备冷却器	100	P120AB	减五线泵
57	E161	泵端面水冷却器	101	P121	减一中泵
58	E163	含盐污水冷却器	102	P122AB	减二中泵
59	V101	初顶汽油罐	103	P123AB	减底泵
60	V102	常顶回流罐	104	P124	冲洗油泵
61	V103	常顶汽油罐	105	P126AB	新鲜水泵
62	V104	减顶油分水罐	106	P127AB	注氨水泵
63	V105	减顶柴油罐	107	P128AB	热水泵
64	V107	低压瓦斯罐	108	P129AB	航煤泵
65	V108	高压瓦斯罐	109	P131AB	破乳剂泵
66	V109	烧焦罐	110	P132	配破乳剂泵
67	V110	氨水罐	111	P133AB	原油注水泵
68	V111	新鲜水罐	112	R101AB	航煤脱硫醇反应器
69	V112	汽包	113	F101	常压炉
70	V113	乏汽脱水罐	114	F102	减压炉
71	V114	热水罐	115	T101	初馏塔
72	V115	净化风罐	116	T102	常压塔
73	V116	脱硫醇中间罐	117	T105	减压塔
74	V117AB	脱色罐	118	T103	常一线汽提塔
75	V118AB	玻璃毛过滤器	119	T104	常压汽提塔
76	V119AB	陶瓷过滤器	120	T106	减压汽提塔

4.2.2　常减压炼油装置操作规程

4.2.2.1　冷态开车

（1）装油　装油的目的是进一步检查机泵情况，检查和发现仪表在运行中存在的问题，脱去管线内积水，建立全装置系统的循环。

a. 常压装油步骤：

启动原油泵 P-101/1,2（在泵图页面上点 P-101/1,2 一下，其中一个泵变绿色表示该泵已经开启，下同），打开调节阀 FIC1101、TIC1101，开度各为 50％，将原油引入装置。

原油一路经换热器 H-105/2，另一路经 H-106/4。

两路混合后经含盐压差调节阀 PDIC1101（开度为 50％）和现场阀 VX0001（开度为 100％）到电脱盐罐 R-101/1，建立电脱盐罐 R-101/1 的液位 LI1101。

再打开 PDIC1102（开度为 50％）和现场阀 VX0002（开度为 100％），引油到电脱盐 R-101/2，建立电脱盐罐 R-101/2 的液位 LI1102。

到现场打开 VX0007（开度为 100％），经电脱盐后的原油分两路，一路经换热器 H-109/4，另一路经换热器 H-103/6。

打开温度调节阀 TIC1103（开度 50％），使原油到闪蒸塔（T-101），建立闪蒸塔 T101 塔底液位 LIC1103。

待闪蒸塔 T-101 底部液位 LIC1103 达到 50％时，启动闪蒸塔底泵 P102/1,2（去泵现场图查找该泵，用左键点击开启该泵）。

打开塔底流量调节阀 FIC1104（逐渐开大到 50％），打开 TIC1102（开度为 50％）流经换热器组 H-113/2 和 H-104/11、H-104/14。

原油分两股进入常压炉（F-101），在常压塔加热炉的 DCS 图上打开进入常压炉的流量调节阀 FIC1106、FIC1107（开度各为 50％）。

原油经过常压炉（F-101）的对流室、辐射室。

两股出料合并为一股进入到常压塔（T-102）进料段。

观察常压塔塔底液位 LIC1105 的值，并调节闪蒸塔进出流量阀（FIC1101 和 FIC1104），控制闪蒸塔塔底液位 LIC1103 为 50％左右（即 PV＝50）。

b. 减压装油步骤：

待常压塔 T-102 底部液位 LIC1105 达到 50％时（即 PV＝50），启动常压塔底泵 P109/1,2 其中一个（方法同上述启动泵的方法）。

打开 FIC1111 和 FIC1112（开度逐渐开大到 50％左右，控制 LIC1105 为 50％），分两路进入减压炉 F-102 和 F-103 的对流室、辐射室。

经两炉 F-102 和 F-103 后混合成一股进料，进入减压塔 T-104。

待减压塔 T-104 底部液位 LIC1201 达到 50％时（即 PV＝50 左右），启动减压塔底 P117/1，2 其中一个。

打开减压塔塔底抽出流量控制阀 FIC1207（开度逐渐开大），控制塔底液位为 50％左右，并到减压系统图现场打开开工循环线阀门 VX0040，然后停原油泵 P-101/1,2，装油完毕。

注意事项：首先看现场图的手阀是否打开，确认该路管线畅通。然后到 DCS 画面上，先开泵，再开泵后阀，建立液位。进油同时注意电脱盐罐 R101/1，2 切水，即间断打开 LIC1101、LIC1102 水位调节阀，控制不超过 50%。

(2) 冷循环 冷循环目的主要是检查工艺流程是否有误，设备、仪表是否正常，同时脱去管线内部残存的水。

待切水工作完成，各塔底液面偏高（50% 左右）后，便可进行冷循环。

① 冷循环具体步骤 冷循环具体步骤与装油步骤相同。

② 注意事项：

冷循环时要控制好各塔液面稍过 50% 左右（LIC1103、LIC1105、LIC1201），并根据各塔液面情况进行补油。

R-101/1，2 底部要经常反复切水：间断打开 LIC1101、LIC1102 水位调节阀，控制不超过 50%。

各塔底用泵切换一次，检查机泵运行情况是否良好（在该仿真中不做具体要求）。

换热器、冷却器副线稍开，让油品自副线流过（在该仿真中不做具体要求）。

根据各塔的液位情况（将 LIC1103、LIC1105、LIC1201 控制在略大于 50%），随时调节流量大小。

检查塔顶汽油、瓦斯流程是否打开，防止憋压：闪蒸塔顶油气出口阀 VX0008 开度为 50%；从闪蒸塔出来到常压塔中部偏上进气阀 VX0019 开度为 50%；常压塔顶循环出口阀 VX0042 开度为 50%；常压塔 T102 塔顶冷却器 L-101 冷凝水入口阀 VX0050 开度为 50%；不凝气由汽油回流罐（R-102）到常压瓦斯罐（R-103）的出口阀 VX0017 开度为 50%；由常压瓦斯罐（R-103）冷却下来的汽油返回汽油回流罐（R-102）的阀 VX0018 开度为 50%；常压瓦斯罐（R-103）的排气阀 VX0020 开度为 50%。

启用全部有关仪表显示。

如果循环油温度 TI1109 低于 50℃，加热炉 F-101 可以间断点火，但出口温度（TI1113 或 TI1112）不高于 80℃。

加热炉简单操作步骤（以常压炉 F-101 为例）：

在常压炉 F-101 的 DCS 图中打开烟道挡板 HC1101（开度 50%），打开风门 ARC1101（开度为 50% 左右），打开 PIC1102（开度逐渐开大到 50%），调节炉膛负压，到现场打开自然风（现场打开 VX0013），开度为 50% 左右，点燃点火棒，现场点击 IGNITION 为开状态。再在 DCS 画面中稍开瓦斯气流量调节阀 TIC11105，逐渐开大，调节温度，见到加热炉底部出现火燃标志图证明加热炉点火成功。

调节时可调节自然风风门、瓦斯及烟道挡板的开度，来控制各指标。实际加热炉的操作包括烘炉等细节，仿真这里不做具体要求。

仿真过程的冷循环要保持稳定一段时间（10min）。

冷循环工艺参数平稳后（主要是 3 个塔液位控制在 50% 左右，运行时间可少于 4h），做好热循环的各项准备工作。

(3) 热循环 当冷循环无问题处理完毕后，开始热循环，流程不变。

a. 热循环前准备工作

分别到各自现场图中打开 T-101、T-102、T-104 的顶部阀门，防止塔内憋压（部分在前面已经开启）。

到泵现场图启动空冷风机 K-1,2,到常压塔现场和减压塔现场打开各冷凝冷却器给水阀门,检查 T-102、T-104 馏出线流程是否完全贯通,防止塔内憋压(到现场图中打开手阀及机泵,在 DCS 操作画面中打开各调节阀)。

常一线冷凝冷却器 L-102 给水阀 VX0051 开度为 50%,常二线冷凝冷却器 L-103 给水阀 VX0052 开度为 50%,常三线冷凝冷却器 L-104 给水阀 VX0053 开度为 50%,减一线冷凝冷却器 L-105 给水阀 VX0054 开度为 50%,减二线冷凝冷却器 L-106 给水阀 VX0055 开度为 50%,减三线冷凝冷却器 L-107 给水阀 VX0056 开度为 50%,减四线冷凝冷却器 L-108 给水阀 VX0057 开度为 50%,减压塔底出料冷凝冷却器 L-109 给水阀 VX0058 开度为 50%,减四线软水换热器 H-113/4 给水阀 VX0059 开度为 50%,减压塔 T-104 减一中给水阀 VX0060 开度为 50%。

循环前到闪蒸塔现场将原油入电脱盐罐副线阀门(VX0079、VX0006、VX0005)全开(在后面还要关死这几个副线阀门),打开电脱盐罐 R101/1,2,防止高温原油烧坏电极棒。开电脱盐罐副线时会引起入电脱盐罐原油流量的变化,要注意调节各塔的液位(LIC1103、LIC1105、LIC1201)。

b. 热循环升温、热紧过程:

炉 F-101、F-102、F-103 开始升温,起始阶段以炉膛温度为准,前 2h 温度不得大于 300℃,2h 后以炉 F-101 出口温度为主,以每小时 20～30℃ 速度升温(在这里我们只要适当控制升温速度即可,不要太快)。

当炉 F-101 出口温度升至 100～120℃ 时恒温 2h 脱水,升温至 150℃ 恒温 2～4h 脱水。

恒温脱水至塔底无水声,回路罐中水减少,进料段温度与塔底温度较为接近时,炉 F-101 开始以每小时 20～25℃ 速度升温至 250℃ 时恒温,全装置进行热紧。

炉 F-102、F-103 出口温度 TIC1201、TIC1203 始终保持与炉 F-101 出口温度 TIC1104 平衡,温差不得大于 30℃。

常压塔顶温度 TIC1106 升至 100～120℃ 时,联系轻质油引入汽油开始打顶回流(在常压塔塔顶回流现场图中打开轻质油线阀 VX0081),打开 FIC1110(开度要自己调节),此时严格控制水液面 LIC1107,严禁回流带水。

常压炉 F-101 出口温度 TIC1104 升至 300℃ 时,常压塔自上而下开侧线,开中段回流(到现场图中打开手阀及机泵,在 DCS 操作画面中打开各调节阀)。

常一线:LIC1108、FIC1116、泵 P106/1。

常二线:LIC1109、FIC1115、泵 P107。

常三线:LIC1110、FIC1114、泵 P108/1,2。

常一中:FIC1108、TIC1107、泵 P104/1。

常二中:FIC1109、TIC1108、泵 P105。

升温阶段即脱水阶段,塔内水分在相应的压力下开始大量汽化,所以必须加倍注意,加强巡查,严防 P102/1,2、P109/1,2、P117/1,2 泵抽空,并根据各塔液面情况进行补油。同时,再次检查塔顶汽油线是否导通,以免憋压。

c. 注意事项:

热循环过程中要注意整个装置的检查,以防泄漏或憋压。

各塔底泵运行情况,发现异常及时处理。

严格控制好各塔底液面，随时补油。

升温同时打开炉 F-101、F-102、F-103 过热蒸汽（分别在常压塔加热炉和减压塔加热炉的 DCS 画面中打开 PIC-1103、PIC-1202、PIC-1205，开度为 50% 即可），并放空，防止炉管干烧。

（4）常压系统转入正常生产

① 切换原油

a. T-102 自上而下开完侧线后，启动原油泵，将渣油改出装置。启用渣油冷却器 L-109/2，将渣油温度控制在 160℃ 以内，在减压塔 T-104 现场打开渣油出口阀 VX0078，关闭开工循环线 VX0040，原油量控制在 70～80t/h。

b. 导好各侧线、冷换热设备及外放流程，关闭放空，待各侧线来油后，联系调度和轻质油，并启动侧线泵、侧线外放（前面已经打开）。

c. 当过热蒸汽温度（TI1122）超过 350℃ 时，缓慢打开 T-102 底吹汽，现场开启 VX0014、常压塔 T-102 各侧线吹蒸汽阀 VX0080，关闭过热蒸汽放空阀（仿真中没做）。

d. 待生产正常后缓慢将原油量提至正常。

② 常压塔正常生产

a. 切换原油后，炉 F-101 以 20℃/h 的速度升温至工艺要求温度。

b. 炉 F-101 抽空温度正常后，常压塔自上而下开常一中、常二中回流（前面已经做开启了）。

c. 原油入脱盐罐温度 TI1102 低于 140℃ 时，将原油入脱盐罐副线开关关闭。

d. 司炉工控制好炉 F-101 出口温度，常压技工按工艺指标和开工方案调整操作，使产品尽快合格，及时联系调度室将合格产品改入合格罐。

e. 根据产品质量条件控制侧线吹汽量。

③ 注意事项：

a. 控制好 R-102 汽油液面 LIC1106 及水液面 LIC1107，待汽油液面正常后停止补汽油，用本装置汽油打回流。

b. 过热蒸汽压力 PIC1103 控制在 0.3～0.35MPa，温度 TI1122 控制在 380～450℃。开塔顶部吹汽时要先放净管线内冷凝水，再缓慢开汽，防止蒸汽吹翻塔盘。

c. R-101/1，2 送电，脱盐工做好脱盐罐切水工作，防止原油含水过大影响操作。

d. 严格控制好侧线油出装置温度。

e. 通知化验室按时做分析。

（5）减压系统转入正常生产

① 开侧线：

a. 当常压开侧线后，减压炉开始以 20℃/h 的速度升温至工艺指标要求的范围内。

b. 当过热蒸汽温度超过 350℃ 开减压塔底吹汽，现场打开 VX0082、减压塔 T-104 各侧线吹蒸汽现场阀 VX0083，关过热蒸汽放空（仿真中没做）。

c. 当炉 F-102、F-103 出口温度 TI1209、TI1222 升至 350℃ 时，打开 F-102、F-103 炉管注汽 VX0021、VX0026。

d. 减压塔开始抽真空，抽真空分三段进行：

第一段：0～200mmHg（1mmHg＝133.322Pa）。

第二段：200～500mmHg。

第三段：500至最大。

操作步骤：在抽真空系统图上，先打开冷却水现场阀 VX0086，然后依次打开抽一线现场阀 VX0084、抽二线现场阀 VX0085 等抽真空阀门，并打开 VX0034 和泵 P118/1,2。

e. T-104 塔顶温度超过工艺指标时，将常三线油倒入减压塔顶打回流（即开减压塔顶回流线汽油入口阀 VX0077），待减一线有油（即 LIC1202 大于0）后，改减一线本线打回流（即关闭减压塔顶回流线阀 VX0077，开启减压塔顶回流阀 VX0076，开泵 P112/1，开减压塔顶回流量调节阀 FIC1208），常三线改出装置，控制塔顶温度（TIC1205）在指标范围内。

f. 减压塔自上而下开侧线，操作方法同常压步骤，基本相同。

减一线：LIC1202。

减二线：LIC1203、FIC1211、泵 P113。

减三线：LIC1204、FIC1210、泵 P114/1。

减四线：LIC1205、FIC1209、泵 P115。

减一中：FIC1203、TIC1206、泵 P110/1。

减二中：FIC1204、TIC1207、泵 P111。

脏洗油系：FIC1205、泵 P116/1。

② 调整操作：

a. 当炉 F-102、F-103 出口温度达到工艺指标后，自上而下开中段回流，开回流时先放净设备管线内存水，严禁回流带水。

b. 侧线有油后联系调度室、轻质油，启动侧线泵将侧线油改入催化料或污油罐。

c. 倒好侧线流程，启动 P116/1,2 开脏洗油系统，同时启用净洗油系统。

d. 根据产品质量调节侧线吹汽流量。

e. 司炉工稳定炉出口温度，减压技工根据开工方案要求尽快调整产品使其合格，将合格产品改进合格罐。

f. 将软化水引入装置，启用蒸汽发生器系统。自产蒸汽先排空，待蒸汽合格不含水后，再并入低压蒸汽网络或引入蒸汽系统。

③ 注意事项：

a. 开炉管注汽，塔底部吹汽应先放净管线内冷凝存水。

b. 过热蒸汽压力控制在 0.25～0.3MPa，温度控制在 380～450℃ 范围内。

c. 抽真空前先检查抽真空系统流程是否正确。抽真空后，检查系统是否有泄漏，控制好 R-104 液面。

d. 控制好蒸汽发生器水液面，自产蒸汽压力不大于 0.6MPa。

e. 开净洗油、脏洗油系统，应先放尽过滤器、调节阀等低点冷凝水。应缓慢开启，防止吹翻塔盘。

f. 将常三线油引入减顶打回流前必须检查常三线油颜色，防止黑油污染减压塔。打回流时开减一线流量计，外放调节阀走副线。

(6) 投用一脱三注 生产正常后，将原油入电脱盐温度 TI1102 控制在 120～130℃，压力控制在 0.8～1.0MPa 范围内，电流不大于 150A。然后开始注入破乳剂、水。常顶开始注氨，注破乳剂。

① 操作步骤：在闪蒸塔现场图上打开破乳剂泵 P120/1 和水泵 P119/1、P119/3，然后打开出口阀 VX0037、VX0087（开度 50%）。在 DCS 图上，打开 FIC1117、FIC1118，开度均为 50%。

② 注意事项　生产正常，各项操作工艺指标达到要求后，主要调节阀所处状态如下：

a. 闪蒸塔底液位 LIC1103 投自动，SP＝50；原油进料流量 FIC1101（PV）接近 125 时投串级。

b. 闪蒸塔底出料 FIC1104 投自动，SP＝121。

c. 常压炉出口温度 TIC1104 投自动，SP＝368；炉膛温度 TIC1105 投串级；风道含氧量 ARC1101 投自动，SP＝4；炉膛负压 PIC1102 投自动，SP＝－2；烟道挡板开度 HC1101 投手动，OP＝50。

d. 常压塔塔底液位 LIC1105 投自动，SP＝50；塔底出料 FIC1111、FIC1112 都投串级；塔顶温度 TIC1106 投自动，SP＝120；塔顶回流量 FIC1110 投串级；塔顶分液罐 V-102 油液位 LIC1106 投自动，SP＝50；水液位 LIC1107 投自动，SP＝50。

e. 减压炉出口温度 TIC1201 和 TIC1203 投自动，SP＝385；炉膛温度 TIC1202 和 TIC1204 投串级；风道含氧量 ARC1201 和 ARC1202 投自动，SP＝4；炉膛负压 PIC1201 和 PIC1204 投自动，SP＝－2；烟道挡板开度 HC1201 和 1202 投手动，OP＝50。

f. 减压塔塔底液位 LIC1201 投自动，SP＝50；塔底出料 FIC1207 投串级；塔顶温度 TIC1205 投自动，SP＝70；塔顶回流量 FIC1208 投串级；LIC1202 投自动，SP＝50。

g. 现场各换热器、冷凝器手阀开度为 50%，即 OP＝50。各塔底注气阀开度为 50%；抽真空系统蒸汽阀开度为 50%。泵的前后手阀开度为 50%。

h. 所有液位及各油品出料根据生产情况投自动。

4.2.2.2　装置正常停工过程

（1）降量

a. 降量前先停电脱盐系统。

b. 降量分多次进行，降量速度为 10～15t/h。

c. 降量初期保持炉出口温度不变，调整各侧线油抽出量，保证侧线产品质量合格。

d. 降量过程中注意控制好各塔底液面，调节各冷却器用水量，将侧线油品出装置温度控制在正常范围内。

（2）降量关侧线阶段

a. 当原油量降至正常指标的 60%～70% 时开始降炉温，炉出口温度以 25～30℃/h 的速度均匀降温。

b. 降温时，将各侧线油品改入催化料或污油罐，常减压各侧线及汽油回流罐控制高液面，作洗塔用。

c. 炉 F101 出口温度降到 280℃ 左右时，T102 开始自上而下关侧线，停中段回流，各侧线及汽油停止外放。

d. 炉 F102、F103 出口温度降到 320℃ 左右时，T104 开始自上而下关侧

段回流，各侧线及汽油停止外放。破真空时，应关闭 L-103、L-104 顶部瓦斯放空阀。

e. 当过热蒸汽出口温度降至 300℃ 时，停止所有塔部吹气，进行放空。

（3）装置打循环及炉子熄火

a. T102 关完侧线后，立即停原油泵，改为循环流程进行全装置循环。

b. T104 关侧线后，将减压侧线油自分配台倒入减压塔打回流洗塔。减侧线油打完后将常压各侧线倒入减压塔顶回流洗塔，直到各侧线油打完为止（注意：将侧线油倒入减一线打回流时，应打开减一线流量计和外放调节阀的副线阀门）。

c. 常压技工将汽油回流罐内汽油全部打入常压塔顶洗常压塔，塔顶温度过低时停空冷。

d. 炉子对称关火嘴，继续降温，炉出口温度降至 180℃ 时停止循环，炉子熄火，风机不停。待炉膛温度降至 200℃ 时停风机，打开防爆门加速冷却，过热蒸汽停掉。

e. 炉子熄火后，将各塔底油全部打出装置。

4.2.2.3 紧急停车

紧急停车步骤：

（1）加热炉立即熄火。

（2）停止原油进料，关各馏出阀、注气阀，破真空，认真退油，关塔部吹气，过热蒸汽改为放空。

（3）将不合格油品改进污油罐。

（4）对局部着火部位应及时切断火源，加强灭火。

（5）尽量维持局部循环，尽量按正常的停车方法处理。

注意：减压破真空时，不能太快，要关闭瓦斯放空阀。

4.2.2.4 主要设备工艺控制指标

（1）闪蒸塔 T101 工艺控制指标见表 4-4。

表 4-4　闪蒸塔 T101 工艺控制指标

名称	温度/℃	压力（表）/MPa	流量/(t/h)
进料流量	235	0.065	126.262
塔底出料	228	0.065	121.212
塔顶出料	230	0.065	5.05

（2）常压塔 T102 工艺控制指标见表 4-5。

表 4-5　闪蒸塔 T102 工艺控制指标

名称	温度/℃	压力（表）/MPa	流量/(t/h)
常顶回流出塔	120	0.058	
常顶回流返塔	35		10.9
常一线馏出	175		6.3
常二线馏出	245		7.6
常三线馏出	296		8.94
进料	345		121.2121
常一中出/返	210/150		24.499
常二中出/返	270/210		28.0
常压塔底	343		101.8

（3）减压塔工艺控制指标见表 4-6。

表 4-6　减压塔工艺控制指标

名称	温度/℃	压力（表）/MPa	流量/（t/h）
减顶出塔	70	−0.09	
减一线馏出/回流	150/50		17.21/13.00
减二线馏出	260		11.36
减三线馏出	295		11.36
减四线馏出	330		10.1
进料	385		
减一中出/返	220/180		59.77
减二中出/返	305/245		46.687
脏油出/返			
减压塔底	362		61.98

（4）常压炉 F101 及减压炉 F102、F103 工艺控制指标见表 4-7。

表 4-7　常压炉 F101 及减压炉 F102、F103 工艺控制指标

名称	氧含量/%	炉膛负压/MMHG	炉膛温度/℃	炉出口温度/℃
F101	3～6	−2.0	610.0	368.0
F102	3～6	−2.0	770.0	385.0
F103	3～6	−2.0	730.0	385.0

（5）主要调节器、仪表控制指标见表 4-8 和表 4-9。

表 4-8　主要调节器控制指标

位号	正常值	单位	说明
FIC1101	126.2	t/h	原油进料
FIC1104	121.2	t/h	T101 塔底出料
FIC1106	60.6	t/h	炉 F101 的一路进料
FIC1107	60.6	t/h	炉 F101 的另一路进料
FIC1111	51.9	t/h	炉 F102 的进料
FIC1112	51.9	t/h	炉 F103 的进料
FIC1207	61.2	t/h	T104 塔底出料
FIC1117	6.35	t/h	R101/1 洗涤水进料
FIC1118	6.35	t/h	R101/2 洗涤水进料
FIC1116	6.36	t/h	常一线汽提塔出料
FIC1115	7.65	t/h	常二线汽提塔出料
FIC1114	8.94	t/h	常三线汽提塔出料
FIC1108	25	t/h	常一中循环量
FIC1109	28	t/h	常二中循环量
FIC1211	11.36	t/h	减二线汽提塔出料
FIC1210	11.36	t/h	减三线汽提塔出料
FIC1209	10.1	t/h	减四线汽提塔出料
FIC1203	59.77	t/h	减一中循环量
FIC1204	46.69	t/h	减二中循环量
FIC1208	17.21	t/h	减一线汽提塔返回量
FIC1110	10.9	t/h	常顶返回量
LIC1101	<50	%	R101/1 水位
LIC1102	<50	%	R101/2 水位
LIC1103	50	%	T101 油位

位号	正常值	单位	说明
LIC1105	50	%	T102 油位
LIC1201	50	%	T104 油位
LIC1106	50	%	R102 油位
LIC1107	＜50	%	R102 水位
LIC1108	50	%	常一线汽提塔油位
LIC1109	50	%	常二线汽提塔油位
LIC1110	50	%	常三线汽提塔油位
LIC1202	50	%	减一线汽提塔油位
LIC1203	50	%	减二线汽提塔油位
LIC1204	50	%	减三线汽提塔油位
LIC1205	50	%	减四线汽提塔油位
TIC1101	140	℃	与 H105/2 换热后原油温度
TIC1103	235	℃	与 H109/4 换热后原油温度
TIC1102	281	℃	与 H113/2 换热后原油温度
TIC1104	368	℃	炉 F101 出口油温度
TIC1105	610	℃	炉 F101 炉膛温度
TIC1106	120	℃	常顶返回温度
TIC1107	150	℃	常一中返回温度
TIC1108	210	℃	常二中返回温度
TIC1201	385	℃	炉 F102 出口油温度
TIC1202	770	℃	炉 F102 炉膛温度
TIC1203	385	℃	炉 F103 出口油温度
TIC1204	730	℃	炉 F103 炉膛温度
TIC1205	70	℃	减一线返回温度
TIC1206	180	℃	减一中返回温度
TIC1207	245	℃	减二中返回温度
PDIC1101	0.06	MPa	R101/1 入口含盐压差
PDIC1102	0.06	MPa	R101/2 入口含盐压差
PIC1102	-260×10^{-6}	MPa	F101 炉膛负压
PIC1103	0.3	MPa	F101 过热蒸汽压
PIC1201	-260×10^{-6}	MPa	F101 炉膛负压
PIC1202	0.3	MPa	F102 过热蒸汽压
PIC1204	-260×10^{-6}	MPa	F101 炉膛负压
PIC1205	0.3	MPa	F103 过热蒸汽压
ARC1101	4	%	F101 内含氧量
ARC1201	4	%	F102 内含氧量
ARC1202	4	%	F103 内含氧量

表 4-9　仪表控制指标

位号	正常值	单位	说明
FI1102	74.87	t/h	与 H105/2 换热油量
FI1103	55.65	t/h	与 H109/4 换热油量
FI1105	69.37	t/h	与 H104/11 换热油量
TI1101	140	℃	与 H106/4 换热后油温
TI1102	120	℃	R101/1 入口温度
TI1103	116	℃	R101/1 出口温度
TI1134	235	℃	与 H103/6 换热后油温
TI1105	226	℃	T101 入口温度
TI1107	227	℃	T101 内温度

位号	正常值	单位	说明
TI1132	281	℃	与 H104/11 换热后油温
TI1131	180	℃	T101 塔顶蒸汽温度
TI1106	306	℃	与 H104/14 换热后油温
TI1112	368	℃	F101 出口油温
TI1113	368	℃	F101 出口油温
TI1122	380～450	℃	F101 过热蒸汽出口温度
TI1123	210	℃	常一中出口油温
TI1124	270	℃	常二中出口油温
TI1125	35	℃	常顶返回油温
TI1126	175	℃	常一线出口油温
TI1127	245	℃	常二线出口油温
TI1128	296	℃	常三线出口油温
TI1129	343	℃	T102 塔底温度
TI1209	380～450	℃	F102 过热蒸汽出口温度
TI1222	380～450	℃	F103 过热蒸汽出口温度
TI1226	150	℃	减一线流出温度
TI1127	260	℃	减二线流出温度
TI1128	295	℃	减三线流出温度
TI1129	330	℃	减四线流出温度
TI1223	220	℃	减一中出口油温
TI1224	305	℃	减二中出口油温
TI1234	353	℃	脏洗油线温度
PI1101	0.05	MPa	T101 塔顶油气压力
PI1105	0.058	MPa	T102 塔顶油气压力
PI1207	−0.09	MPa	T104 塔顶油气压力

4.2.2.5 事故现象及处理

（1）原油中断

① 主要现象：塔液面下降，塔进料压力降低，塔顶温度升高。

② 处理方法：a. 切换原油泵 P101/2；b. 不行按停工处理。

（2）供电中断

① 主要现象：各泵运转停止。

② 处理方法：a. 来电后，相继启动顶回流泵、原油泵、初底泵、常底泵，中断回流泵及侧线泵；b. 各岗位按生产工艺指标调整操作至正常。

（3）循环水中断

① 主要现象：a. 油品出装置温度升高；b. 减顶真空度急剧下降。

② 处理方法：a. 停水时间短，降温降量，维持最低量生产，或循环；b. 停水时间长，按紧急停工处理。

（4）供汽中断

① 主要现象：a. 流量显示回零，各塔、罐操作不稳；b. 加热炉操作不稳；c. 减顶真空度下降。

② 处理方法：a. 如果只停汽而没有停电，则改为循环；b. 如果既停汽又停电，按紧急停工处理。

（5）净化风中断

① 主要现象：仪表指示回零。

② 处理方法：a. 短时间停风，将控制阀改副线，用手工调节各路流量、温度、压力等；b. 长时间停风，按降温降量循环处理。

（6）加热炉着火

① 主要现象：炉出口温度急剧升高，冒大量黑烟。

② 处理方法：熄灭全部火嘴，并向炉膛内吹入灭火蒸汽。

（7）常压塔底泵停

① 主要现象：a. 泵出口压力下降，常压塔液面上升；b. 加热炉熄火，炉出口温度下降。

② 处理方法：切换备用泵。

（8）常顶回流阀阀卡10%

① 主要现象：塔顶温度上升，压力上升。

② 处理方法：开旁通阀。

（9）减压塔出料阀阀卡10%

① 主要现象：塔底液位上升。

② 处理方法：开旁通阀。

（10）闪蒸塔底泵抽空

① 主要现象：泵出口压力下降，塔底液面迅速上升，炉膛温度迅速上升。

② 处理方法：切换备用泵，注意控制炉膛温度。

（11）减压炉熄火

① 主要现象：炉膛温度下降，炉出口温度下降，火灭。

② 处理方法：a. 减压部分按停工处理；b. 常渣出装置。

（12）抽-1故障

① 主要现象：减压塔压力上升。

② 处理方法：加大抽-2蒸汽量。

（13）低压闪电

① 主要现象：全部或部分低压电机停转，操作混乱。

② 处理方法：a. 如果时间短，切换备用泵，顺序为顶回流、中段回流、调节处理量；b. 及时联系电修部门送电，按工艺指标调整操作。

（14）高压闪电

① 主要现象：全部或部分高压电机停转，闪蒸塔和常压塔进料中断，液面下降。

② 处理方法：a. 如果时间短，切换备用泵；b. 及时联系电修部门送电，按工艺指标调整操作。

（15）原油含水

① 主要现象：原油泵可能抽空，闪蒸塔液面下降，压力上升。

② 处理方法：加强电脱盐罐操作，加强切水。

4.2.3 常减压装置模型简介

4.2.3.1 沙盘仿真模型主要特征

（1）全方位LED灯仿真演示，具有直观效果，结构齐全。

（2）模型配有手动操作盘和遥控操作两种方式。

（3）模型采用弱电控制，以确保操作的安全性和可靠性。

（4）模型采用逻辑电路，以防手动时的误操作。

（5）规模大、造型逼真、综合性强，可将多种类别的模型巧妙地组合在一起，确保接合自然。

（6）具有一定的趣味性、工程实践的系统性和连贯性。

（7）多台组合、拆装方便、接合牢靠，还可用于学生测绘使用。

4.2.3.2　沙盘仿真模型最终现场效果

沙盘尺寸为 3m×4m，以协调一致的整体布局，形象逼真的造型设计，自然明快的色彩渲染为基础，以灯光效果为点缀，将常减压装置所产生的汽油、柴油、轻柴油、重柴油、减压渣油、盐水等通过不同颜色的 LED 流水灯光一齐上阵演示。

4.2.3.3　比例尺寸

各设备模型采用 1∶30 的比例；各管道模型，拟采用 1∶15 的比例。

4.2.3.4　沙盘仿真演示

模型上各类路灯、指示灯都可按指令发光；部分建筑物内装有灯光，可按指令做出亮与熄演示；模型通过各灯的打光方法及灯光颜色等与沙盘结构、装饰绿化、建筑物交相辉映、动静结合，使其演示效果更加形象逼真。

4.2.4　思考题

（1）试简述常减压仿真培训中常压装油流程及步骤？

（2）试简述常减压仿真培训中减压装油流程及步骤？

（3）冷循环的目的主要是检查什么项目？

（4）热循环过程要注意哪些事项？

（5）常压塔正常生产要注意哪些事项？

（6）减压塔正常生产要注意哪些事项？

（7）常压塔塔顶和塔底的产品是什么？

（8）减压塔塔顶和塔底的产品是什么？

（9）闪蒸塔分离混合物大的组成是什么？

参 考 文 献

[1] 刘小珍. 化工实习. 北京：化学工业出版社，2008.

[2] 徐瑞云，陈桂娥. 化工实践. 上海：华东理工大学出版社，2012.

[3] 北京大学化学与分子工程学院实验室安全技术教学组. 化学实验室安全知识教程. 北京：化学工业出版社，2012.

[4] 米镇涛. 化学工艺学. 北京：化学工业出版社，2010.

[5] 沈本贤. 石油炼制工艺学. 北京：石油工业出版社，2009.